미스터 갈릴레이의

별별이야기

미스터 갈릴레이의

별별이야기

개정판 2쇄 발행 2022년 9월 20일

글쓴이   심재철
일러스트   정중호

펴낸이   이경민
펴낸곳   (주)동아엠앤비
출판등록   2014년 3월 28일(제25100-2014-000025호)
주소   (03737) 서울특별시 서대문구 충정로 35-17 인촌빌딩 1층
홈페이지   www.dongamnb.com
전화   (편집) 02-392-6901   (마케팅) 02-392-6900
팩스   02-392-6902
전자우편   damnb0401@naver.com
SNS   　

ISBN 979-11-6363-060-9 (03400)

※ 책 가격은 뒤표지에 있습니다.
※ 잘못된 책은 바꿔 드립니다.

별을 찾으며 과학을 배우다

미스터 갈릴레이의

별별이야기

글쓴이 **심재철** 일러스트 **정중호**

동아엠앤비

들어가며

★

별 찾는 것을 포기하지 마세요.

옛날 사람들은 별을 보고 동서남북 등의 방향뿐만 아니라 날짜와 시각을 알아냈고, 기계식 시계가 개발된 이후에는 항해 도중 자신의 위치(위도와 경도)까지도 밤하늘의 별을 이용해 알 수 있었다. 그런데 현대를 살아가는 우리들의 대부분은 밤하늘에서 별 하나를 찾지 못한다. 아니 밤하늘에서 쉽게 관측되는 별조차 그것이 무엇인지 모른다. 예전에 공부했던 것을 잊어서인가하고 별자리 책을 다시 열심히 봐도 밤하늘에서 별자리를 찾을 수 없다. 무엇이 잘못된 것일까?

천문 관련 책들은 별자리 전설과 모양을 알려주는 데 집중하고 있으며, 계절별 별자리가 하늘에 그 모습을 모두 드러냈을 때를 가정하고 별자리를 찾을 수 있도록 설명한다. 밤하늘을 모두 외우고 별자리가 다 보여야만 별을 찾을 수 있는 것이다. 초등학교 5학년 교과서를 보면 북두칠성이 속한 큰곰자리와 더블유자(W) 모양을 한 카시오페이아자리를 이용해서 북극성을 쉽게 찾을 수 있다고 설명하고 있다. 그런데 실제로 북극성은 고사하고 모양을 알고 있는 북두칠성과 카시오페이아조차 찾기 힘들다. 왜냐하면 이 별자리의 별들이 어두워서 도심의 하늘에서는 잘 보이지 않고, 시골의 밤하늘에서는 화려한 밝기의 별들에 가려서 그 존재감이 크지 않기 때문이다.

그렇다고 별 찾는 것을 포기해서는 안 된다. 쉽게 별자리를 찾아 확인할 수 있는 방법이 있다. 별자리가 아니라 별을 먼저 찾는 것이다. 이 책을 읽고 나면 최소한 여름 밤하늘에서 견우성과 직녀성은 99% 찾을 수 있을 것이다. 내가 찾고자 하는 별이 언제 남중하는지 알 수 있는 방법이 있다. 도심의 하늘에서 볼 수 있는 16개의 일등성 정도는 찾아 확인할 수 있는 방법을 알려줄 것이다. 별의 위치를 암기하라고 하지 않고 예측하라고 할 것이다. 그렇게 하면 별들의 좌표를 보고 직접 찾아 확인할 수 있게 될 것이다.

우리 학생들에게 밤하늘의 별을 보며 저 별이 무엇일까 생각해서 알 수 있는 방법을 알려줘야지, 밤하늘을 통째로 외우라고 해서는 안 된다. 구름 사이로 밝은 별이 하나만 보여도 저 별이 무엇일까를 알아낼 수 있는 방법을 알려주고 싶다. 물론 그렇게 되기 위해서는 책을 열심히 읽어서 별을 찾을 수 있는 방법을 이해해야 한다. 이것이 가능하도록 책을 쓰고 싶었다. 이 과정에서 과학적이고 체계적인 방법이 무엇인지를 알게 될 것이다.

태양이 지구보다 크다는 것을 어떻게 알아냈을까?
과학은 암기하는 것이 아니라 이해하는 것이다!
왜 그런지 이야기할 수 있어야 한다!

높은 산에 올라도 세상은 끝없이 펼쳐진 평평한 땅의 모습이지 둥글게 보이지 않는다. 손톱만큼 작은 해와 달을 포함한 하늘의 모든 천체들은 매일 지구를 한 바퀴씩 돌고 있다. 그래서 옛날 사람들은 우리가 살고 있는 지구가 우주에서 가장 크며 세상의 중심이라고 생각했다. 위대한 철학자 아리스토텔레스도 매일 누구나가 경험하는 이것(천동설)이 진리라고 주장했다.

현대를 살아가는 우리는 하늘이 돌고 있다는 천동설이 틀렸다는 것을 알고 있다. 하늘이 도는 것이 아니라 지구가 돌기 때문에 하늘의 별들이 도는 것처럼 보이고, 지구가 우주의 중심이 아니라 태양이 중심에 있고 이 주위를 여러 행성이 돌고 있다는 지동설을 배운 것이다. 그러나 밖으로 나가 하늘을 한번 쳐다보면 태양을 비롯한 하늘의 모든 천체들이 지구를 돌고 있다. 내가 살고 있는 지구가 돌고 있기 때문에 하늘이 돌고 있다는 것을 감각적으로 전혀 느낄 수 없다.

16세기에 코페르니쿠스가 지동설을 주장하며 과학혁명이 시작됐지만, 지동설을 코페르니쿠스가 처음 주장한 것은 아니다. 코페르니쿠스보다 1800년을 앞서 살았던 아리스타르코스가 태양이 지구보다 훨씬 크다는 사실을 밝힌 후 지동설을 주장했다. 그러니까 '하늘이 도는가(천동설), 땅이 도는가(지동설)?'의 문제는 갈릴레이가 지동설을 과학적으로 증명할 때까지 약 1800년간 지속돼 온 위대한 과학 논쟁이었다. 인류 역사상 가장 위대한 논쟁(이 논쟁 과정에서 종교 재판을 받고 화형을 당한 철학자도 있었다)을 통해 밝혀진 지구 운동의 비밀을 요즘 학생들은 어떻게 받아들이고 있는가? 학생들은 지구가 자전하고 태양 주위를 공전한다는 사실을 아무 고민 없이 배우고 있다. 진리를 이해하는 것이 아니라 외우고 있다.

아리스토텔레스는 상식과 경험을 바탕으로 진리를 찾으려 했다. 그러나 갈릴레이는 관찰과 실험을 바탕으로 한 생각의 힘으로 진리를 찾으려 했다. 과학 공부는 단순히 밝혀진 이론들을 외우는 것이 아니다. 하나의 가설이 진리로 받아들여져 이론으로 발전하기까지 어떤 고민과 논쟁이 있었는지를 알아야 하고 그 이론을 이해해야 한다. 그래서 그 이론에 대해 누군가에게 이야기(설명)할 수 있어야 한다. 설명할 수 없다면 이해하지 못한 것이다. 아인슈타인의 특수상대성 이론에 의하면 빠른 속도로 움직이는 우주선의 시간은 지상의 시계보다 느리게 간다. 왜 이런 현상이 일어나는지 설명할 수 없다면 특수상대성 이론을 이해한 것이 아니라 단지 외운 것에 지나지 않는다.

일상생활에서도 어떤 문제에 부딪혔을 때 그것에 대한 해석을 위해, 책에 나온 이론, 경험자들의 의견, 지금까지 해왔던 관례대로 하려는 경향이 많다. 이렇게 해서 빠르고 쉽게 해결될 수 있는 문제들이 있다. 그러나 처음 접하게 되는 현상이나 문제는 새롭게 관찰된 사실을 바탕으로 풀어 나가야 한다. 권위 있는 철학자, 권위 있는 이론들, 경험이 풍부한 선배들의 말을 무조건적으로 받아들여서는 새로운 길로 나아갈 수가 없다. 과학을 제대로 배운 학생은 생각하고 관찰하고 실험하고 토론해 문제를 하나씩 풀어나갈 수 있다. 그러나 과학적 사실을 단순히 암기한 학생은 비슷한 문제를 어딘가의 문제집에서 풀어본 적이 없다면 해결할 수 없다. 항상 새로운 가능성으로 문제를 해석하고 현상을 바라보는 것이 앞으로 나아갈 수 있는 중요 포인트다.

경험상 하늘이 도는 것처럼 보이는 분명한 현상과 주장(천동설)에 맞선 갈릴레이. 새롭게 관측된 사실을 바탕으로 권위에 눌리지 않고 새로운 이론을 만든 갈릴레이의 창의적 생각을 우리 학생들이 배웠으면 하는 바람으로 이 책을 썼다.

책이 출간되기까지 많은 도움을 주신 동아사이언스에 감사드리고, 책의 완성도를 높이기 위해 애써 준 김영진, 조현민, 윤혜정, 임소현, 이병오, 김민석 등의 후배들과 언제나 나의 든든한 후원자가 돼주는 재숙, 재은, 재창 등의 가족들에게도 감사의 마음을 전하고 싶다.

사랑하는 아내 정교순과 딸 은미의 믿음과 격려가 없었다면 이 책이 완성되지 못했을 것이다. 지면을 빌어 고맙고 사랑한다고 이야기하고 싶다.

아름답고 재밌는 무한의 우주로 안내해준 고(故) 박승철 선배님께 이 책을 바친다.

별밤지기 심재철

차례

1 밤하늘 옛날 사람들은 왜 밤하늘을 열심히 관측했을까? ✳ 12

★ 방황하는 별의 정체는 무엇일까? ✳ 14
★ 밤하늘을 열심히 관찰해야 했던 실제 이유는? ✳ 17

★ 태양이 뜨고 지는 위치를 보고 어떻게 날짜와 시각을 알 수 있을까? ✳ 18
★ 별이 뜨고 지는 것을 보고 어떻게 날짜와 시각을 알 수 있을까? ✳ 22

★ 별자리는 왜 만들었을까? ✳ 26
★ 은미의 생일은 왜 4년에 한 번밖에 돌아오지 않는 것일까? ✳ 30

★ 왜 우(右)반달, 좌(左)반달이라 하지 않을까? ✳ 32
★ 별은 얼마나 크고 얼마나 멀리 있을까? ✳ 34

★ 천체까지 거리는 어떻게 측정할까? ✳ 37
★ 우주에서 관측되는 구름의 정체는 무엇일까? ✳ 41
★ 우리는 왜 별을 봐야 할까? ✳ 44

2 별자리 내가 찾는 별자리는 어디에 있을까? ✳ 50

★ 세계 지도에서 어떤 나라를 빨리 찾으려면? ✳ 52
★ 크리스마스이브에 견우성과 직녀성을 볼 수 있을까? ✳ 54

★ 왜 생일날 나의 탄생 별자리를 볼 수 없을까? ✳ 56
★ 여름 밤하늘에 보이는 별자리는 모두 여름철의 별자리일까? ✳ 58

★ 계절별 별자리는 어떻게 정할까? ✳ 60
★ 계절별 별자리의 서쪽과 동쪽에 있는 별자리는 어느 계절의 별자리일까? ✳ 62

★ 어느 계절의 별자리를 먼저 찾아야 할까? ✳ 64
★ 거문고자리와 전갈자리는 어느 쪽에서 뜨고 질까? ✳ 66
★ 한여름의 별자리 또는 계절별 중심 별자리는 무엇일까? ✳ 69

3 견우와 직녀 견우성과 직녀성을 찾아본 적이 있는가? ＊ 72

★ 왜 내가 자신 있게 찾을 수 있는 별자리가 없을까? ＊ 74
★ 큰곰자리와 목동자리 중 어떤 별자리가 찾기 쉬울까? ＊ 76
★ 16개의 일등성은 모두 어느 별자리의 알파성일까? ＊ 79
★ 별자리는 위치가 중요할까, 모양이 중요할까? ＊ 82
★ 견우성과 직녀성을 어떻게 구별할까? ＊ 84
★ 서울에서 볼 때 청주와 제천 중 어느 도시가 더 남쪽에 있을까? ＊ 86
★ 별들의 상대 위치를 정확하게 알 수는 없을까? ＊ 88
★ 북극성은 어디에 어떤 높이로 떠 있을까? ＊ 93
★ 서울에서 천정을 지나가는 가장 밝은 천체는 무엇일까? ＊ 97
★ 계절별로 가장 찾기 쉬운 별은 어떤 별일까? ＊ 99
★ 계절별 기준 별자리 찾는 방법 ＊ 102

4 남중 구름 사이로 보이는 별이 어떤 별인지 어떻게 알 수 있을까? ＊ 114

★ 태양은 어디서 뜨고 언제 남중할까? ＊ 116
★ 별은 언제 남중할까? ＊ 118
★ 항성시를 알면 내가 찾는 별의 위치를 예측할 수 있을까? ＊ 119
★ 밝은 별 하나만 보여도 그 별이 무슨 별인지 추측할 수 있을까? ＊ 122
★ 항성시를 가장 쉽게 알 수 있는 방법은 무엇일까? ＊ 125
★ 추분엔 왜 '별 찾기가 누워서 떡 먹기'라고 할까? ＊ 127
★ 망망대해를 위치를 어떻게 알 수 있을까? ＊ 129
★ 내가 직접 항성시를 계산할 수 있을까? ＊ 130

5 일식과 월식 태양이 지구보다 훨씬 크다는 것을 어떻게 알았을까? * 134

★ 지구가 둥글다는 것을 언제 느낄 수 있을까? * 136
★ 남산 서울타워에서 설악산 대청봉이 보이지 않는 이유는 무엇일까? * 139
★ 하늘의 달은 동전만 한데 지평선 위의 달은 왜 그렇게 커 보일까? * 141
★ 보름달이 갑자기 어디로 사라지는 것일까? * 144
★ 아리스토텔레스는 무엇을 보고 지구가 둥글다고 확신했을까? * 148
★ 지구가 보름달보다 세 배밖에 크지 않다는 것을 어떻게 알아냈을까? * 150
★ 태양이 달보다 크다는 것을 어떻게 알 수 있을까? * 154
★ 태양이 누구에게 먹히는 것일까? * 158
★ 태양이 지구보다 훨씬 크다는 것을 어떻게 알았을까? * 161
★ 막대기 하나로 피라미드의 높이를 어떻게 잴 수 있었을까? * 163
★ 달까지의 정확한 거리를 어떻게 측정했을까? * 166

6 위대한 논쟁 땅이 돌까, 하늘이 돌까? * 168

★ 하늘이 도는 것일까? * 170
★ 천문학에서의 아리스토텔레스 * 174
★ 왜 태양이 우주의 중심이어야 할까? * 177
★ 하늘이 돌까, 땅이 돌까? * 179
★ 별이 뜨는 시각은 왜 매일매일 조금씩 빨라질까? * 183
★ 금성은 왜 한밤중에는 볼 수 없을까? * 185
★ 초저녁 동쪽 하늘에 갑자기 나타난 밝은 별의 정체는 무엇일까? * 190
★ 토성과 목성은 별자리 사이를 어떻게 이동할까? * 192
★ 별자리 사이를 방황하는 붉은 별의 정체는 무엇일까? * 194
★ 행성은 어떻게 역행할 수 있을까? * 197
★ 행성은 언제 역행할까? * 202
★ 천동설과 지동설의 논쟁을 끝낼 수 있는 결정적인 증거는 무엇일까? * 206

7 세상의 중심 지구의 자전을 느낄 수 있을까?  ✳ 208

★ 천동설이 오랫동안 진리로 받아들여진 이유는 무엇일까? ✳ 210
★ 망원경에서 배율보다 중요한 것이 무엇일까? ✳ 212

★ 허블 우주 망원경은 왜 우주에 설치됐을까? ✳ 214
★ 갈릴레이는 망원경으로 달과 태양을 관측하고 무엇을 느꼈을까? ✳ 216

★ 지구를 돌지 않는 천체를 본 적이 있는가? ✳ 218
★ 초저녁 동쪽 하늘에 보이는 화성과 초저녁 서쪽 하늘에
   보이는 화성은 어떤 차이가 있을까? ✳ 220

★ 금성이 보름달 모양으로 보이는 때가 있을까? ✳ 222
★ 세상의 중심은 태양일까, 지구일까? ✳ 223

★ 더 읽으면 좋은 이야기 하나 ✳ 226
★ 더 읽으면 좋은 이야기 둘 ✳ 228
★ 더 읽으면 좋은 이야기 셋 ✳ 231
★ 더 읽으면 좋은 이야기 넷 ✳ 232

찾아보기 ✳ 234

1

밤하늘 ★★

옛날 사람들은

왜 밤하늘을 욕심히 관측했을까?

밤하늘

옛날 사람들은 왜 밤하늘을 열심히 관측했을까?

방황하는 별의 정체는 무엇일까?

밤하늘을 무심히 쳐다보면 언제나 비슷한 모습으로 보이는 것 같다. 그런데 며칠 동안 자세히 관찰하면 항상 일정한 모양과 밝기를 유지하는 별자리가 있고, 밝기가 변하면서 하늘을 이리저리 방황하는 별들도 있다. 어떤 별은 초저녁 서쪽 하늘과 새벽녘 동쪽 하늘에서만 며칠(일정 기간 또는 몇 달) 나타났다가 어디론가 사라지기도 한다. 또 다른 별은 특정 별자리에서 동서로 움직이며 방황하다가 1년 후에는 다른 별자리로 이동하기도 한다. 이런 특성을 지닌 두 개의 별은 워낙 밝고 이리저리 움직이기 때문에 어떤 별자리에 속한 천체가 아니라 떠돌이별이라는 것을 쉽게 짐작할 수 있다. 이 두 천체는 별이 아니라 금성과 목성이다. 우리가 항성과 구분해 행성이라 부르는 천체다. 금성과 목성은 다른 별에 비해 훨씬 밝지만 맨눈으로 보기에는 별과 차이가 없다.

또 별자리 사이에 갑자기 모습을 드러낸 후 시간이 지날수록 밝기가

황소자리의 목성과 토성: 가장 밝은 천체가 목
성이고 목성 오른쪽 아래 밝은 천체가 토성이
다. 시간이 지나 같은 곳에는 목성과 토성이
없다(아래 원 사진).

밝아지고 긴 꼬리까지 생기는 천체가
있다. 이 천체가 별자리 사이를 움직이
는 속도나 위치의 변화는 행성의 움직임
과는 비교가 안 될 정도로 빠르다. 이런 천
체는 한번 사라지면 다시 나타나는 예가 거의
없다. 바로 꼬리를 가진 혜성이다. 혜성의 정체를 알
지 못했던 고대인들에게 이런 천체의 출현 자체가 두려움의 대상이었
을 것이다.

이 밖에 한낮의 태양이 무엇인가에 가려져 갑자기 사라지는 일식이
나, 보름달이 어떤 그림자에 의해 서서히 보이지 않는 월식 또한 쉽게

지평선 위의 헤일밥 혜성(위),
북두칠성을 지나는 햐쿠타케 혜성(아래).

예측할 수 없는 현상이었다. 하늘에서 이런 현상이 왜 일어나는지 알지 못했던 옛날 사람들은 현실에서 일어나는 홍수, 지진, 태풍, 화산 폭발, 전쟁, 역병 등을 천문 현상과 관련해 해석하려 했다. 이런 모든 현상이 신의 뜻과 관련이 있다고 생각했다. 천체의 움직임을 예측함으로써 신의 뜻을 파악하거나 인간의 운명을 알 수 있다고 판단한 것이다. 그래서 신관과 점성술사는 밤하늘을 열심히 관측했고, 고대 천문학을 발전시키는 데 이바지했다.

밤하늘을 열심히 관찰했던 실제 이유는?

나일 강 유역에서 발생한 이집트 문명, 황허 강 유역에서 발생한 황허 문명, 티그리스 강과 유프라테스 강 유역에서 발생한 메소포타미아 문명, 인더스 강 유역에서 발생한 인더스 문명 등 세계의 4대 문명은 모두 큰 강의 하류에서 발생했다. 강 하류는 평야가 발달하고 물이 풍부하기 때문에 농사를 짓기 좋은 곳이다.

농사를 짓는 데 있어 가장 중요한 것은 곡식의 종류에 따라 파종 시기가 다르다는 것이다. 예를 들어 우리나라는 볍씨를 뿌리는 시기와 감자나 콩 등을 심는 시기가 다르다. 씨를 뿌리는 시기를 잘 맞춰야 수확을 제때 할 수 있고 생산량을 높일 수가 있다. 그래서 옛날 사람들은 계절의 변화와 날짜를 정확하게 아는 것이 매우 중요한 일이었다. 날짜와 날씨뿐만 아니라 정확한 시각까지 TV나 스마트폰으로 쉽게 확인할 수 있는 요즘과 달리, 달력과 시계가 없던 옛날 사람들에게는 날짜와 시각을 알아내는 일이 무척 어려운 일이었다.

한편 이집트에서는 매년 비슷한 시기에 나일 강이 범람하는 일이 일어났다. 따라서 고대 이집트 인들은 규칙적으로 반복되는 홍수를 대비하고 곡식의 파종과 수확 시기를 결정할 수 있었다. 달력이 없던 시대에는 달이 차고 기우는 것, 홍수가 나는 것, 꽃이 피는 것 등 자연 현상을 관찰한 자연력에 의존해서 계절과 날짜를 짐작했다. 그러나 이 같은 날짜 예측은 매년 차이가 있었을 뿐만 아니라 정확하지도 않았다.

고대의 모든 문명 사회에서는 계절이 바뀌는 때와 날짜를 정확히 알아야 했기 때문에 태양, 달, 별의 움직임을 예상하고 추적하는 일에 많은 시간을 투자해야 했다. 다행히도 하늘에는 규칙적인 천문 현상이 일어나고 있었기 때문에 이것을 이용해 날짜를 알 수 있었고 달력도 만들었다. 오늘날까지 존재하는 이집트의 피라미드나 영국의 스톤헨지와 같은 고대 유적은 천체의 움직임을 통해 계절을 예측하기도 했고 천문학적 지식을 바탕으로 설계된 구조물이었다.

이정민은 꼭! ★ 옛날 사람들이 밤하늘을 열심히 관측해야 했던 실제 이유는 농사를 짓는 데 꼭 필요한 날짜를 정확히 알기 위해서였다.

태양이 뜨고 지는 위치를 보고
어떻게 날짜와 시각을 알 수 있을까?

새벽의 동쪽 지평선과 초저녁의 서쪽 지평선을 유심히 관찰하면, 태양이 항상 정동쪽에서 떠서 정서쪽으로 지지 않고 매일 뜨고 지는 위치가 조금씩 달라지는 것을 알 수 있다. 여름에는 북쪽으로 치우친 곳에서 태양이 뜨고 지며, 겨울에는 남쪽으로 치우친 곳에서 뜨고 진다. 따라서 일정한 장소에서 태양이 뜨고 지는 위치를 매일 표시하면, 위치만으로도 계절과 날짜를 예측할 수 있다.

춘분(3월 21일경)에 태양은 정동쪽에서 뜨지만 이날 이후 뜨는 위치는 매일 북쪽으로 조금씩 이동한다. 일출 위치가 북쪽으로 이동하는 현상은 하지(6월 21일경)까지만 일어난다. 하짓날 태양이 뜨는 위치는 정동쪽에서 북쪽으로 23.5도 치우친 곳으로, 일 년 중 태양이 가장 북쪽에서 뜨는 날이다. 이날 이후 태양이 뜨는 위치는 방향이 바뀌어 남쪽으로 이동하기 시작한다. 추분(9월 23일경)에 태양은 다시 정동쪽에서 뜬다. 추분 이후에 태양이 뜨는 위치는 정동쪽을 지나 좀 더 남쪽으로 이동하기 시작한다. 동지(12월 22일경)에 태양이 뜨는 위치는 정동쪽에서 남쪽으로 23.5도 떨어진 곳까지 내려간다. 이날 태양이 가장 남쪽에서 뜨는 것이다. 동짓날 이후 태양이 뜨는 위치는 북쪽으로 이동하기 시작하다가 춘분에 다시 정동쪽에서 태양이 뜬다. 그러므로 태양이 뜨고 지는 위치를 이용해 계절과 날짜를 알 수 있는 것이다.

즉 일출 위치가 정동쪽 지평선에서 북동쪽 지평선 방향으로 이동하면서 계절이 봄에서 여름으로 바뀐다. 북쪽 방향으로 움직이던 일출 위치가 방향을 틀어 남쪽으로 움직여 다시 정동쪽에서 태양이 뜨는 시점이 되면 가을이 된다. 가을에서 겨울로 계절이 바뀌면서 일출 위치는 정동쪽에서 남쪽으로 이동한다. 남쪽으로 이동했던 일출 위치가 다시 북쪽으로 움직여 정동쪽까지 이동하게 되면 새로운 봄이 시작되는 것이다.

춘분에서 하지까지의 일수가 92일이고, 하지에 태양이 뜨는 위치가 정동쪽에서 북쪽으로 23.5도 떨어진 곳이므로, 태양은 하루에 약 0.25도씩 뜨는 위치가 북쪽으로 이동하는 것이다. 태양의 각 크기가 약 0.5도니까 태양은 하루에 태양 크기의 절반만큼 이동한 위치에서 뜨는 것이다. 따라서 일출 위치를 자세히 관측하면 하루 이틀 차이도 구분해서 날짜를 정확하게 알 수 있다.

★**이사를 자주 다니던 유목민의 한계**★ 태양이 뜨는 위치로 날짜를 예측하려면 반드시 한 장소에서 오랫동안 하늘을 관측해야 한다. 한곳에 오랜 기간 정착해 사는 것이 쉽지 않았던 유목민들에게 이것은 무척 어려웠을 것이다. 더군다나 일정 기간 살던 곳에서 다른 곳으로 이사하게 되면 태양이 뜨는 위치를 비교하던 산이나 건물도 바뀐다. 따라서 이사 간 곳에서 태양이 뜨는 위치를 새롭게 기록해야만 일출 위치를 이용해 계절과 날짜를 알 수 있다. 그러므로 옛날 사람들이 태양이 뜨는 위치를 이용해 날짜를 정확히 예측하기에는 한계가 너무 많았다. 그래서 스톤헨지와 같은 천문 관측소를 세우고, 그곳에 일출 위치에 따른 날짜를 표시해 놓는 방식을 사용했던 것으로 추정된다.

북 　　　　　　　　　동 　　　　　　　　　남

계절에 따른 태양의 일출 위치(위부터 12월 22일, 2월 4일, 3월 1일, 3월 26일, 4월 16일)

남　　　　　서　　　　　북

계절에 따른 태양의 일몰 위치(위부터 6월 20일, 8월 23일, 9월 26일, 10월 22일, 12월 16일)

태양이 정동쪽 지평선 위로 떠오른 시점부터 남쪽 하늘에 남중했다가 정서쪽 지평선 위로 이동할 때까지 약 12시간이 걸리므로 태양의 위치를 통해 대략의 시각을 예측할 수 있다. 예를 들어 태양이 정남쪽과 정서쪽 지평선 사이에 위치하면 대략 오후 3시고, 정서쪽 지평선 바로 위라면 저녁 6시가 다 된 것이다. 태양의 위치를 이용해 시각을 알려주는 장치가 바로 해시계다.

별이 뜨고 지는 것을 보고
어떻게 날짜와 시각을 알 수 있을까?

나일 강의 범람으로 고통받던 고대 이집트인들은 밤하늘에서 가장 밝은 별인 시리우스를 주목했다. 시리우스는 아주 밝아 새벽녘 동쪽 하늘에서 해뜨기 직전까지 볼 수 있고, 시리우스가 뜨는 시각과 태양이 뜨는 시각이 비슷해지는 시기에 나일 강이 범람했기 때문이다. 시리우스와 태양이 뜨는 시각 차이를 정밀하게 관측하면서 나일 강의 범람 시기를 예측할 수 있었다. 이처럼 고대인들은 해뜨기 직전 동쪽 지평선에 어떤 별이 떠 있는가를 이용해 계절과 날짜를 예측하려고 했다. 어떻게 이것이 가능했던 것일까?

태양은 계절에 따라 뜨고 지는 위치가 달라지지만 별은 계절에 상관없이 항상 동쪽의 같은 위치에서 떠오르고 서쪽의 같은 위치로 진다. 예를 들어 직녀성은 항상 정동쪽에서 북쪽으로 38.8도 치우친 곳에서 뜨고, 질 때도 정서쪽보다 북쪽으로 38.8도 치우친 곳으로 진다. 반면, 견우성은 정동쪽에서 북쪽으로 8.8도 떨어진 곳에서 뜨고 정서쪽에서 북쪽으로 8.8도 떨어진 곳으로 진다. 즉 별마다 각각 뜨고 지는 위치가 정해져 있으며 그 위치가 변하지 않는 것이다.

태양은 계절에 따라 뜨고 지는 시각이 달라지지만 아침에 떠서 저녁에 진다는 큰 틀은 바뀌지 않는다. 그리고 태양은 뜨고 지는 시각에 많은 차이가 있어도 매일 정오에 남중(태양이 정남쪽에 위치하는 것)한다는 사실은 변하지 않는다. 반면에 별은 계절에 따라 뜨고 지는 시각에 많은 차이를 보인다. 어떤 별이 여름날 초저녁에 떠서 자정에 남중한 후 새벽 무렵에 서쪽으로 진다면, 가을에는 정오에 떠서 초저녁에 남중했다가 자정에 서쪽으로 진다. 그러나 별이 뜨고 지는 시각의 변화에는 규칙성이 있기 때문에 예측이 가능하다.

별은 매일 약 4분씩 빨리 뜨고 서쪽으로 지는 시각도 매일 약 4분씩 빨라진다. 이를 계산해 보면, 별은 한 달에 약 2시간(4분×30일=120분)씩 일찍 뜨고 진다. 3개월이 지나 계절이 바뀌면 6시간씩 뜨는 시각

해 뜨기 직전 동쪽 지평선 위에 어떤 별이 떠 있는지를 이용해 날짜를 알 수 있다.

이 빨라진다. 예를 들어 오리온자리의 삼태성은 12월 21일 저녁 6시에 뜨고 밤 12시에 남중했다가 다음날 새벽 6시에 서쪽으로 진다. 3월 23일이 되면 오리온자리의 삼태성은 뜨는 시각이 6시간 빨라져 낮 12시에 뜨고 저녁 6시에 남중했다가 밤 12시에 서쪽으로 진다. 즉 12월 21일 초저녁 동쪽 지평선 위에서 오리온자리가 보이지만, 3월 23일 초저녁에는 남쪽 하늘을 지나 서쪽 하늘에서 보인다.

사계절이 지나면 별은 1년 전과 똑같은 시각에 다시 동쪽에서 떠오른다. 태양이 뜨기 바로 직전에 시리우스가 나타나는 날도 1년에 한 번씩 반복된다. 현대로 따지면 이때가 7월 말경이다. 그러므로 계절마다 태양이 뜨기 바로 직전에 어떤 별이 동쪽 지평선 근처에 있는지를 기록고 오늘 해뜨기 직전에 동쪽 하늘에서 어떤 별이 나타났는지를 확인하면 날짜를 알 수 있다. 옛날 사람들은 10일 간격으로 뜨는 별을 36개 정해놓고 날짜 예측에 활용했다.

우리나라에서 12월 말일 경에 해뜨기 직전 동쪽 지평선 가까이에서 보이는 별은 전갈자리의 안타레스다. 10월 말에는 처녀자리의 스피카가 같은 위치에서 보인다. 즉 해뜨기 직전 동쪽 하늘에서 전갈자리가 뜨는 것을 관측할 수 있을 때가 연말인 것이다.

해가 지고 나면 동쪽 하늘에서 서쪽 하늘까지 일정한 간격으로 떠 있는 별들을 찾을 수 있다. 이 별들은 시계처럼 일정한 속도로 움직이고 있기 때문에 별들의 위치를 이용하면 해가 없는 밤에도 시각을 예측할 수 있다. 물론 별들이 지는 시각이 매일 약 4분씩 빨라지기 때문에 해가 진 후 매일매일 별 위치를 잘 확인하고 있어야만 시각을 예측할 수 있다. 그렇기 때문에 옛날 사람들은 밤하늘을 세밀하게 관측하고 있었던 것이다.

정동쪽에서 떠오른 별자리는 6시간 후에 남중했다가 12시간 후에는 정서쪽으로 진다. 따라서 오늘 초저녁 정동쪽에 떠 있는 별을 자세히

동쪽 지평선 위의 오리온자리.

남쪽 지평선 위의 오리온자리.

서쪽 지평선 위의 오리온자리.

해 뜨기 바로 직전, 동쪽 지평선 위에서 전갈자리가 보이기 시작하면 새해가 다가오는 것이다.

살펴본 후 그 별의 움직임을 통해 오늘밤의 시각을 예측할 수 있다. 주의할 점은 정동쪽보다 북쪽으로 치우친 곳에서 뜨는 별자리는 동쪽 지평선에서 서쪽 지평선까지 이동하는 데 12시간 이상이 걸리고, 정동쪽보다 남쪽으로 치우친 곳에서 뜨는 별자리는 동쪽 지평선에서 서쪽 지평선까지 이동하는 데 12시간보다 훨씬 짧은 시간에 이동한다는 사실이다. 이것은 태양이 뜨는 위치에 따라 낮의 길이가 달라지는 것과 같은 원리다.

별자리는 왜 만들었을까?

달력과 시계가 없던 시대에 살았던 고대인들은 해뜨기 직전 동쪽 지평선 바로 위에 어떤 별이 있는지를 이용해 날짜를 예측했고, 해가 진 뒤 하늘에 떠 있던 별들의 위치를 보고 시각을 알 수 있었다. 그런데 별을 보고 계절과 날짜와 시각을 예측하기 위해서는 밤하늘에 떠 있는 별들을 구분할 수 있어야 한다. 그러나 별은 특별히 모양도 없고 밝기도 비슷한 것들이 많다. 따라서 보통 사람이 여기저기 무질서하게 흩어져 있는 별들을 하나하나 구별해 그것이 자기가 찾고자 했던 별인지를 확인하는 것은 쉽지 않았다.

그래서 오랜 옛날부터 하늘의 일정 영역에 있던 별들을 특정한 모양으로 묶어서 기억하기 쉽게 별자리를 만들었을 것으로 추측한다. 밤하늘의 많은 별자리를 누가 언제 만들었는지는 정확히 알 수 없다. 현재 우리가 널리 사용하고 있는 별자리는 서양에서 만들어진 것이다. 서양의 별자리는 7000년 훨씬 이전에 아라비아 반도에서 만들어지기 시작했다.

지금은 대부분 사막으로 변한 아라비아 반도가 당시에는 목동들이 가축을 키우기에 적당한 광활한 초원이었다. 여기서 가축을 키우던 목동들도 시각과 계절을 예측하기 위해서 밤하늘의 별을 이용했고, 이 별들을 좀 더 편리하게 확인하려고 별자리를 만들었을 것이다. 이들은 늦은 밤 양을 지키며 하늘에 떠오른 밝은 별들을 서로 연결해 여러 가지 동물의 모습을 만들었다. 그래서 양, 사자, 황소 등 동물의 이름을 딴 별자리가 많았다. 이를 증명하듯 메소포타미아 지역에서 번창했던 바빌로니아 왕국의 유물에서 약 36개의 별자리가 발견됐다.

지중해를 끼고 무역하던 페니키아 상인들은 메소포타미아에서 만들어진 별자리를 그리스로 전했다. 그리스 인은 신화의 여러 주인공을 별자리에 포함시키면서 밤하늘을 신화가 합쳐진 거대한 그림으로 만들었다. 약 1800년 전에 이집트의 천문학자 프톨레마이오스가 쓴 『알마게스트』라는 책에는 그리스 시대에 만들어진 48개의 별자리가 소개돼 있다. 이 별자리는 유럽으로 전해져 지금까지 사용되고 있다.

15세기에 이르러 범선을 타고 남반구까지 진출한 유럽 인들은 그때까지 북반구에서는 보이지 않던 남반구의 별자리를 발견했다. 이 별자리들은 나침반, 돛, 시계, 망원경과 같이 배에서 많이 쓰이는 도구의 이름을 따서 만들어졌다. 나라마다 서로 다른 별자리를 사용하자 혼란을 막기 위해 1930년 국제천문연맹(IAU) 1차 회의에 참석한 천문학자들이 별자리를 88개로 확정했고, 현재는 이것을 전 세계적으로 사용하고 있다.

별자리를 구성하는 별들은 서로 아무런 관계가 없는 예가 더 많다. 단지 같은 방향에서 보일 뿐이다. 그럼에도 별자리는 하늘의 일정 영역

동물 모양의 별자리

사자자리

독수리자리

물고기자리

양자리

황소자리

전갈자리

게자리

백조자리

염소자리

인물 모양의 별자리

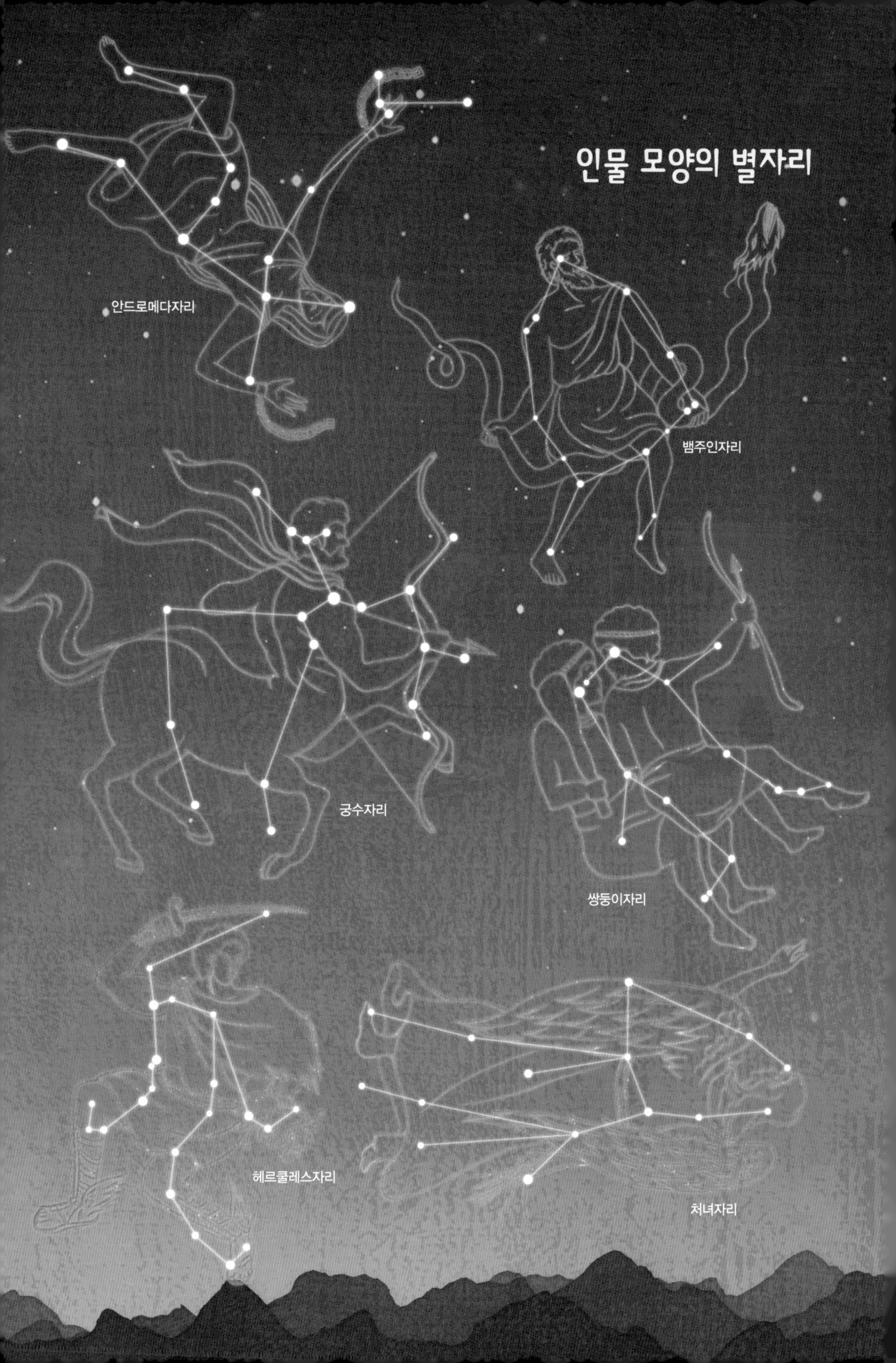

안드로메다자리

뱀주인자리

궁수자리

쌍둥이자리

헤르쿨레스자리

처녀자리

을 나타내고 있기 때문에, 다른 천체(행성, 성운, 성단)의 위치를 나타내는 데 편리하다. 예를 들어 안드로메다은하(M31)를 관측하려면 망원경으로 어느 하늘을 향해야 할까? 드넓은 밤하늘에서 맨눈으로는 잘 보이지 않는 외부 은하가 어디 있는지를 직접 찾는 것은 쉽지 않다. 안드로메다은하는 안드로메다자리 안에 있으므로, 가을철 별자리가 있는 하늘을 향한 후 안드로메다자리를 찾고 그 속에서 안드로메다은하를 망원경으로 겨냥해야 한다.

은미의 생일은 왜 4년에 한 번밖에 돌아오지 않는 것일까?

2004년 2월 29일에 태어난 은미의 생일은 4년에 한 번만 돌아온다. 왜냐하면 2005년, 2006년, 2007년의 2월 달력에는 29일이 없고 28일까지만 있기 때문이다. 다시 2월 29일이 있는 해는 2008년이다. 이처럼 2월 29일이 있는 해는 2004년, 2008년, 2012년으로 4년마다 한 번씩 돌아온다. 그런데 은미가 오래오래 살아서 2100년이 되는 해에는 4년 주기인데도 2월 29일이 없다. 100년을 살아도 생일을 24번밖에 챙길 수 없는 것이다.

2월이 29일까지 있는 연도는 1년의 길이가 365일이 아니고 366일이 된다. 지구가 태양 주위를 공전하는 주기가 매년 똑같을 텐데 1년의 길이는 왜 가끔씩 하루가 늘어나는 것일까? 그럼 정확하게 1년의 길이는 며칠이고 옛날 사람들은 처음에 1년의 길이를 어떻게 알아냈을까? 우리가 현재 사용하는 달력은 언제부터 사용된 것일까?

기원전 3000년에도 이집트에서는 정교한 달력이 만들어져 사용됐다는 사실을 고대 문서인 파피루스의 기록으로부터 알 수 있다. 그런데 1년의 길이는 정확하게 365일이 아니라 365일 6시간(365.25일)이었기 때문에 4년의 길이는 1461일로, 365일이 4년 반복됐을 때 길이인 1460일보다 하루씩의 차이가 발생하게 됐다. 이런 사실을 고려해 기원전 46년에 만들어진 달력이 율리우스력(Julian calendar)이다.

이 달력은 4년에 한 번 1년의 길이를 366일로 1일을 추가하는 방식으로 4년의 길이를 1461일에 맞췄다. 즉 연속하는 4년 동안 일 년의 길이는 각각 365일, 365일, 365일, 366일이 되고, 다시 4년은 365일, 365일, 365일, 366일로 정해지는 방식이다. 이렇게 하면 달력이 나타내는 일 년과 자연의 일 년 사이에 발생하는 오차가 획기적으로 줄어들었다.

그러나 안타깝게도 자연이 나타내는 일 년의 길이를 좀 더 정확하게 나타내면 365.2422일로 율리우스력이 기준으로 했던 1년의 길이인 365.25일과 0.0078일(11분 14초)의 차이가 발생했다. 100년마다 나타나는 0.78일의 차이는 큰 문제가 없지만, 이것이 쌓이면 400년에 3.12일이 돼 차이가 커진다.

율리우스력을 사용한 지 1500년이 넘어가자 이 오차는 11일까지 벌어졌다. 즉 자연 현상으로는 새해인 1월 1일이 됐지만 달력상으로는 12월 21일밖에 되지 않는 문제가 발생했던 것이다. 이에 교황 그레고리우스 13세는 율리우스력으로 늘어난 10일의 오차를 없애기 위해 1582년 10월 5일부터 14일까지는 건너뛰고, 10월 4일 다음 날을 10월 15일로 한다는 새 역법을 공포했다. 이것이 현재까지 거의 모든 나라에서 사용하는 태양력인 그레고리력이다.

그레고리력에서는 4년마다 하루가 추가되는 윤년(366일)을 두되 4의 배수면서 100의 배수가 되는 해는 평년(365일)으로 했고, 다시 100의 배수지만 400의 배수기도 한 해는 윤년(366일)으로 정했다. 이렇게해서 1700년, 1800년, 1900년(4의 배수지만 100의 배수)은 평년이 되고, 1600년, 2000년(4의 배수고 100의 배수지만 400의 배수기도 함)

이것만은 꼭! ★ 2월 29일에 태어난 은미의 생일이 4년에 한 번밖에 돌아오지 않는 이유는 달력 중 2월 29일이 존재하는 윤년이 4년에 한 번밖에 없기 때문이다.

은 다시 366일인 윤년이 됐다. 이렇게 하면 1태양년과 그레고리력 사이에는 3000년에 하루의 오차밖에 발생하지 않는다.

왜 우(右)반달, 좌(左)반달이라 하지 않을까?

교과서에 등장하는 반달 사진은 오른쪽이 볼록한 모습과 왼쪽이 볼록한 모습이 대부분이다. 그래서 우(右)반달, 좌(左)반달이라고 부른다면 쉽게 구분할 수 있을 것 같다. 그런데 이 반달의 이름은 상현(上弦)과 하현(下弦)으로 이름에 분명히 상하의 표현이 들어가 있다. 반달에서 무엇이 위일 때 상현이고 무엇이 아래일 때 하현일까? 그리고 왜 우반달이라고 하지 않고 상현달이라고 했을까?

반달은 반원 모양이다. 수학에서는 이 반원의 직선 부분을 현(弦)이라 부르고 둥근 부분을 호(弧)라고 부른다. 반달이 서쪽 지평선 위로 질 때의 모습을 살펴보면 현이 호보다 위에 위치할 때가 있고, 현이 호보다 아래일 때가 있다. 즉 반달이 서쪽 지평선 위로 질 때, 때에 따라 상(上), 하(下)의 모습이 생겨나는 것이다. 그래서 현이 호보다 위에 위치해서 서쪽 지평선으로 넘어가는 반달을 상현(上弦)이라 하고, 현이 호보다 아래에 위치해서 서쪽 지평선으로 넘어가는 반달을 하현(下弦)이라고 옛 조상들이 명명했다.

그런데 반달이 동쪽 지평선 위로 뜰 때는 모양이 반대인데 왜 서쪽 지평선 위의 반달을 관찰하고 이름을 지었을까? 상현달은 낮 12시에 뜨기 때문에 동쪽 지평선에 뜨는 모습을 관찰하기 어렵고, 하현달은 밤 12시에 뜨기 때문에 일찍 잠이 들었던 옛날 사람들에게는 동쪽 지평선 위 하현달의 모습이 친숙하지 않았을 것이다. 오히려 아침에 서쪽 지평선 위로 지고 있는 하현달의 모습이 더 친숙해서 초저녁에 지는 상현달의 모습과 비교돼 이름을 그렇게 지었을 것으로 추측한다.

서쪽 지평선 바로 위에 위치할 때의 반달 모습. 위는 상현달, 아래는 하현달이다.

그럼에도 교과서의 사진만 보면 우반달 좌반달이라고 이름 붙이는 것이 더 이해하기 쉬울 것 같다. 그러면 옛날 사람들이 반달의 이름을 왜 더 어렵게 지었을까? 상현달은 낮 12시에 떠서 저녁 6시경에 남중 했다가 밤 12시경에 서쪽 지평선 아래로 진다. 그런데 교과서에 나오는 반달의 모습이 관측되는 때는 저녁 6시경부터 채 1시간이 되지 않는다. 더군다나 여름에는 저녁 6시가 돼도 대낮처럼 환하기 때문에 반달이 중 천에 떠 있는지 모를 때가 많다.

반면에 저녁 7시경부터 서쪽 지평선으로 지기까지 오랫동안 반달은 현이 호보다 위로 한 상현달의 모습이다. 즉 오른쪽이 볼록한 반달보다 현이 호보다 위쪽을 향하고 있는 반달의 모습이 모든 사람들에게 더 익 숙했기 때문에 우반달이라 하지 않고 상현달이라고 했을 것이다.

학문적으로 반달은 초승달에서 달의 모양이 커져 반달이 됐을 때가 상현달이고, 보름달에서 달의 모양이 점점 작아져서 다시 반달의 모양 이 됐을 때가 하현달이다. 반달의 영어식 표현에는 상하의 개념이 존재 하지 않는다. 상현달은 'the first quarter' 또는 'a waxing moon'이라 부르고, 하현달은 'the last quarter' 또는 'a waning moon'이라고 부 른다. 상현은 한 달에 첫 4분의 1 기간이 지났을 때 뜨는 달, 하현은 한 달에서 마지막 4분의 1 기간이 시작될 때 뜨는 달을 표현한 것이다.

오른쪽이 볼록한 반달이 상현달이고 왼쪽이 볼록한 반달이 하현달이 라고 무작정 기억하지 말고, 달의 이름이 가진 의미를 생각하면서 달의 모양을 기억했으면 한다.

별은 얼마나 크고 얼마나 멀리 있을까?

사람은 태어날 때의 크기와 몸무게가 제각각 다르고, 다 자랐을 때도 사람에 따라 크기와 몸무게에서 많은 차이를 보인다. 별도 태어날 때

이것만은 꼭! 반달은 서쪽으로 질 때 현(반달의 직선 부분)이 위에 위치하느냐 아래에 위치하느냐에 따라 상현달과 하현달이라고 이름 지었다. 반달이 초저녁에 보일 때 우반달이 모습보다는 상현이 모습으로 보이는 시간이 더 길기 때문에 우반달이 아니라 상현달이라고 부 른다.

(아기 별)의 크기와 질량이 다르고, 늙은 별일 때의 크기도 제각각이다. 밤하늘에 보이는 별들 중 어떤 별이 태양보다 큰 별일까? 유난히 밝게 보이는 별(일등성)이 큰 별일까?

별은 표면 온도가 높을수록 밝게 빛나기도 하지만, 보통 지름이 클수록 밝게 빛난다. 태양이 가장 밝으니까 태양이 별들 중 가장 크다고 결론 내릴 수 있을까? 그렇지 않다. 태양의 지름은 지구 크기의 109배나 될 정도로 크지만, 별들 사이에서는 중간 크기 정도에 해당한다. 태양이 밝게 보이는 이유는 지구에서 가장 가깝기 때문이다.

크기가 알려진 별들 중 가장 큰 별은 큰개자리의 'VY Canis Majoris(VY 캐니스 메이저리스)'라는 별로 태양보다 2000배 이상 크다. 우리가 쉽게 찾을 수 있는 별 중 태양보다 훨씬 큰 별로는 오리온자리의 베텔게우스와 전갈자리의 안타레스가 있다. 베텔게우스의 지름은 4억km 이상으로 태양의 지름보다 600배 이상 길고, 태양에서 화성까지의 거리인 2억 2000만km보다 더 긴 것이다.

만약 베텔게우스를 태양이 있는 자리에 갖다 놓으면, 이 별의 표면

목성보다 20배나 큰 태양이지만, 별들끼리 크기를 비교하면 평균 정도밖에 되지 않는다. 오리온자리의 알파성 베텔게우스는 태양보다 600배 이상 크다.

은 화성과 목성 사이에 놓이게 된다. 즉 지구나 화성은 베텔게우스 속에 파묻히게 되는 것이다. 이 밖에도 목동자리의 아르크투루스, 황소자리의 알데바란, 오리온자리의 리겔 등도 태양보다 수십 배나 크다.

서울에서 제주도까지는 약 500km고 이웃나라 일본의 수도 도쿄까지는 1100km 정도다. 남아메리카 대륙에 위치한 우루과이의 어느 한 지점까지는 2만km 정도가 될 것이다. 어쨌든 지구의 둘레가 약 4만km니까 지구상에 위치한 도시는 아무리 멀어도 2만km 내외가 될 것이다.

천체까지 거리를 km로 나타내면 그 숫자가 급격히 커진다. 가장 가까운 달까지의 거리가 약 38만km고, 두 번째로 가까운 금성까지만 해도 5000만km가 된다. 지구에서 태양 다음으로 가까운 별인 센타우루스자리의 프록시마까지는 40,681,400,000,000km, 안드로메다은하까지는 18,921,600,000,000,000,000km다. 천체까지의 거리를 km로 나타내면 너무 복잡해지기 때문에 천체들끼리의 거리를 비교하기 위해 새로운 단위를 도입했는데, 그것이 천문단위(AU, Astronomical Unit)와 광년(LY, Light Year)이다.

천문단위는 태양에서 지구까지의 거리를 1AU로 정한 후, 나머지 행성들의 거리를 비교한 것으로 태양에서 행성까지의 거리를 표현하는 데 편리하다. 태양에서 수성까지는 0.387AU, 금성까지는 0.723AU, 화성까지는 1.52AU 등으로 나타내는 것이다. 이렇게 표현하면 화성이 지구보다 태양으로부터 약 1.5배 멀리 떨어져있다는 것을 쉽게 이해할 수 있다. 태양에서 목성까지는 5.2AU, 토성까지는 9.54AU, 천왕성까지는 19.2AU, 해왕성까지는 30.1AU로 약 45억 킬로미터나 떨어져 있는 것이다.

망원경의 발전으로 더욱더 먼 천체를 발견함에 따라 천문단위로 천체까지의 거리를 표시해도 무척 큰 숫자가 나왔다. 그래서 또 다시 도

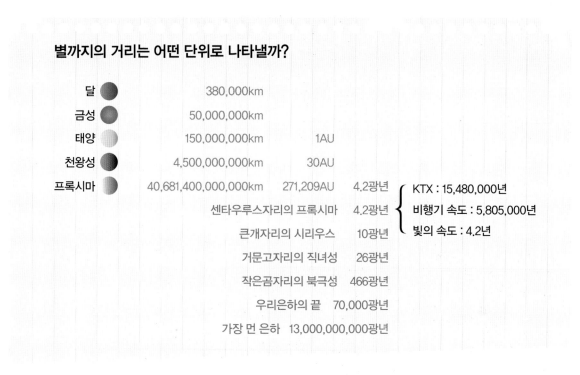

별까지의 거리는 어떤 단위로 나타낼까?

달	380,000km		
금성	50,000,000km		
태양	150,000,000km	1AU	
천왕성	4,500,000,000km	30AU	
프록시마	40,681,400,000,000km	271,209AU	4.2광년

KTX : 15,480,000년
비행기 속도 : 5,805,000년
빛의 속도 : 4.2년

센타우루스자리의 프록시마	4.2광년
큰개자리의 시리우스	10광년
거문고자리의 직녀성	26광년
작은곰자리의 북극성	466광년
우리은하의 끝	70,000광년
가장 먼 은하	13,000,000,000광년

입한 거리 단위가 광년(light year)이다. 광년이란 빛이 일 년 동안 이동한 거리다. 빛의 속도는 초당 30만km로 1년 동안 약 9조 5000억 km를 이동한다. 따라서 태양을 제외했을 때 가장 가까운 별인 프록시마와 안드로메다은하까지의 거리를 광년으로 나타내면 각각 약 4.2광년과 약 220만 광년이라고 표현할 수 있다. 초대형 망원경과 허블 우주 망원경이 관측한 천체의 경우 100억 광년이나 떨어진 은하도 있으니 우주가 얼마나 넓은지 가늠하기 어려울 정도다.

천체까지 거리는 어떻게 측정할까?

관측자가 두 위치에서 어떤 대상을 볼 때 생기는 시선 방향의 차이를 시차라고 한다. 이등변삼각형에서 밑변의 길이와 각의 크기를 알고 있으면 삼각형의 높이를 구할 수 있듯이, 관측자가 시차를 측정하기 위해

A와 B 사이의 거리를 측정하고, A와 B에서 C를 바라볼 때의 시차를 이용해
각 A와 각 B를 구하면 63빌딩까지의 거리를 계산할 수 있다.

위치했던 두 곳의 거리와 시차를 알고 있다면 관측 대상까지의 거리를
계산할 수 있다. 이것이 삼각시차를 이용한 거리 측정법이다.

삼각시차를 이용해 어떤 대상까지의 거리를 측정할 때, 중요한 것
이 관측자가 위치한 두 지점 간의 거리다. 특히 측정 대상까지의 거리
가 멀수록 두 관측 지점 사이의 거리가 멀어야 한다. 그렇지 않으면 각
을 측정할 없을 만큼 시차가 작아지기 때문이다. 예를 들어 여의도에서
서울타워까지 거리를 측정할 때 두 다른 관측 지점 사이의 거리가 수십
미터만 떨어져 있어도 충분하다. 반면에 삼각시차를 이용해 달까지의
거리를 측정하려면 서로 다른 관측 지점끼리의 거리가 적어도 200km
이상은 떨어져 있어야 한다. 티코 브라헤는 1577년에 나타난 혜성의
시차를 빈과 프라하에서 관측을 통해 측정함으로써 혜성이 대기권 밖
에 위치하며 달보다도 멀리 떨어져 있다는 사실을 밝혔다. 빈과 프라하

의 거리는 약 300km다.

달 다음으로 지구에서 가까운 천체는 금성이다. 그런데 금성은 수천 km 떨어진 곳에서 관측을 해도 맨눈으로는 시차를 느낄 수 없을 만큼 멀리 떨어져 있다. 즉 금성까지의 정확한 거리를 측정할 방법이 없었던 것이다. 갈릴레이 이후 망원경으로 천체를 관측하기 시작하면서 금성이나 화성까지 거리를 삼각시차로 측정할 수 있었다. 1671년 파리천문대장이었던 카시니가 프랑스 파리와 남아메리카에 있는 프랑스령 기아나에서 화성을 동시에 관측해 시차를 구했다. 이때 화성을 측정한 두 지점 간의 거리는 약 7900km였다. 이렇게 측정하고 나니 지구에서 화성까지의 거리는 약 6400만km나 떨어져 있었고 태양까지 거리는 1억 4000만km나 됐다. 계산 과정에서 오차가 발생했지만 지구에서 태양까지 거리를 비로소 정확하게 알게 됐고, 사람들이 생각할 수 있는 우주의 크기를 엄청나게 확대시켜 주었다. 카시니는 토성 고리의 간극인 카시니 간극을 발견한 일화로 유명하지만, 태양계의 크기를 최초로 측정한 사람이기도 하다. 그 전까지는 행성이나 태양까지의 비교 거리만 알고 있었을 뿐이다.

별까지 거리는 가장 가까운 별조차도 화성보다 80만 배 이상 멀리 떨어져 있다. 따라서 별까지 거리를 측정하기 위해서는 망원경을 이용한다 하더라도 지구 상에서 어떤 위치에서 측정하더라도 시차를 거의 느낄 수 없다. 그래서 별까지의 거리를 측정하기 위해서는 연주시차를 이용해야 한다.

연주시차란 천체를 관측할 때 지구가 태양을 중심으로 공전하면서 생기는 시차를 일컫는다. 즉, 천체와 지구를 잇는 직선과 천체와 태양을 잇는 직선이 이루는 각으로 나타낸다. 관측자는 태양에서 천체를 관측할 수 없기 때문에, 지구가 태양을 도는 궤도의 양 끝에 도달했을 때 관측한 결과를 가지고 연주시차를 구한다. 태양과 지구 사이 거리는 1

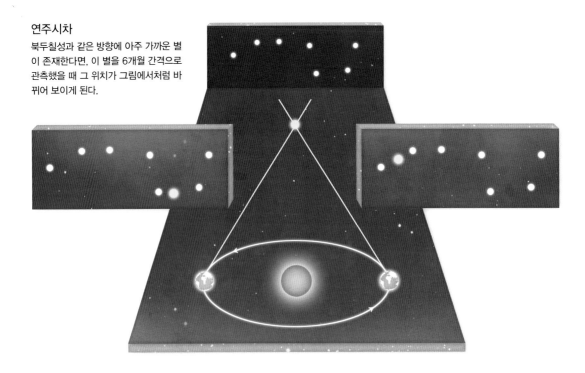

연주시차

북두칠성과 같은 방향에 아주 가까운 별이 존재한다면, 이 별을 6개월 간격으로 관측했을 때 그 위치가 그림에서처럼 바뀌어 보이게 된다.

억 5000만km나 떨어져 있어서 연주시차를 측정해 별까지 거리를 쉽게 측정할 수 있을 것으로 생각했으나 실제는 그렇지 못하다.

별까지 거리는 우리가 상상했던 것보다도 훨씬 더 멀기 때문에 프리드리히 베셀이 백조자리 61번별의 연주시차(0.31초=0.0086도)를 최초로 측정해 별까지 정확한 거리를 알게 된 것은 1838년의 일이다. 갈릴레이가 망원경으로 별을 관측한 지 200년도 더 지난 시점이었다. 그 이후 망원경의 크기가 커지고 관측 기술이 발달하자 연주시차를 이용해 비교적 가까운 별까지의 거리가 속속 측정되기 시작했다.

망원경으로 연주시차를 측정한다 해도 326광년 이상 떨어진 별의 거리는 측정할 수 없다. 시차가 너무 작아 그 각의 크기를 측정할 수 없기 때문이다. 이보다 더 먼 천체의 거리는 변광성이나 초신성의 절대 밝기를 이용해 측정할 수 있다. 절대 밝기를 알 수 있는 변광성이 어느 정도의 겉보기 밝기를 나타내는지를 측정함으로써 이 변광성까지 거리를 알 수 있는 것이다.

예를 들어 어떤 변광성의 절대 밝기가 1등성이었는데 겉보기 밝기가 6등성이었다면, 이 변광성은 절대 밝기의 기준 거리(32.6광년)보다 10배 멀리 떨어진 326광년의 거리에 있는 것이다. 왜냐하면 별의 밝기는 거리가 2배 멀어지면 4배 어두워지고 10배 멀어지면 100배 어두워지기 때문이다. 즉 겉보기 밝기가 절대 밝기보다 5등급 어두우므로 100배 어둡고, 실제 위치한 거리가 절대 밝기의 기준거리보다 10배 멀리 떨어져 있다는 것이다. 이런 방법으로 220만 광년이나 떨어진 안드로메다은하까지 거리를 측정할 수 있었다.

우주에서 관측되는 구름의 정체는 무엇일까?

프랑스의 혜성 탐색가 샤를 메시에는 밤하늘에서 혜성과 비슷한 모양의 천체를 곳곳에서 발견했다. 작고 불규칙한 구름처럼 생긴 이 천체들은 혜성과 달리 몇 날 며칠이 지나도 별자리 사이에서 특별한 움직임을 보이지 않았다. 별이 아니지만 혜성도 아니었던 것이다. 메시에가 당시에 사용했던 망원경의 성능이 좋지 않았기 때문에, 이것의 정체를 알지 못했지만 후대에 확인하니 메시에가 남겨 놓은 목록들은 별이 아니라 성운, 성단, 외부 은하였다. 이 목록을 '메시에 목록'이라 부르고 숫자 앞에 M을 써서 표시한다. M8, M13, M45, M31 등이 그 예다.

이처럼 망원경을 통해 본 밤하늘에는 하나하나의 별만 존재하는 것이 아니었다. 두 개의 별이 하나의 별처럼 모여 있는 이중성이 많이 관측되고, 삼중성, 사중성 등 다중성도 관측된다. 그뿐만 아니라 수십 개에서 수만 개의 별이 모여 있는 별무리도 있다. 이것을 성단이라고 부르는데 주로 젊은 별들이 모여 있는 산개성단과 늙은 별들로 구성된 구상성단이 있다. 특히 구상성단은 대부분 구형의 모습을 하고 있고, 산개성단과는 비교할 수 없을 만큼 많이 별이 모여 있다. 성단은 비슷한 시기에 여러 개의 별이 한곳에서 탄생한 것이기 때문에 중력으로 묶여 있고, 하나의 천체처럼 성단의 전체 별이 함께 같은 방향으로 운동하고 있다.

태양계 밖에서 별이 아니면서도 빛을 내는 커다란 천체가 있다. 지구의 구름처럼 우주에 떠 있는 가스 덩어리다. 이것을 우주의 구름이라 하여 성운이라 부른다. 이 성운을 구성하는 원소는 수소, 헬륨, 탄소, 질소 등 별의 원료며, 밀도가 높은 성운 안에서 별이 탄생한다. 성운이 뭉쳐서 별이 되는 것이므로 성운의 크기는 별의 크기와는 비교할 수 없을 만큼 크다.

예로 오리온대성운(M42)의 크기(직경)는 40광년이나 되므로, 이 성운 안에 태양 크기의 별을 일렬로 세워 놓으려면 약 2800만 개의 별이 필요하다. 성운은 빛을 내는 방법에 따라 반사성운, 발광성운, 산광성운, 행성상성운으로 분류할 수 있다. 빅뱅 초기부터 존재했던 성운은 주로 수소와 헬륨으로 구성돼 있지만, 별이 죽은 후에 남긴 잔해로 이루어진 성운은 탄소, 질소, 산소, 철 등 우리 몸을 구성하는 원소들도 포함돼 있다. 초신성 등이 남긴 잔해로 이루어진 성운이 다른 성운과 만나 새로운 별이 만들어질 때, 무거운 원소들(철, 실리콘 외)이 뭉쳐져서 행성이 탄생하면 생명을 잉태할 수 있다.

한여름 밤하늘에서 견우와 직녀 사이를 가로지르는 거대한 강이 있다. 은하수다. 그런데 이 은하수를 망원경으로 관측하면 특별히 무엇이 있는 것이 아니고 많은 별이 보일 뿐이다. 은하수의 정체는 성운이나 성단이 아니라, 거리가 먼 별들이 일정한 방향에서 많이 보이는 것이다. 같은 방향에 많은 별들이 함께 보이지만, 거리가 너무 멀어서 맨눈으로는 옅은 구름을 펼쳐 놓은 것처럼 보이는 것이다. 망원경으로 은하수를 관측하면 얼마나 많은 별들이 우리은하를 구성하고 있는지 실

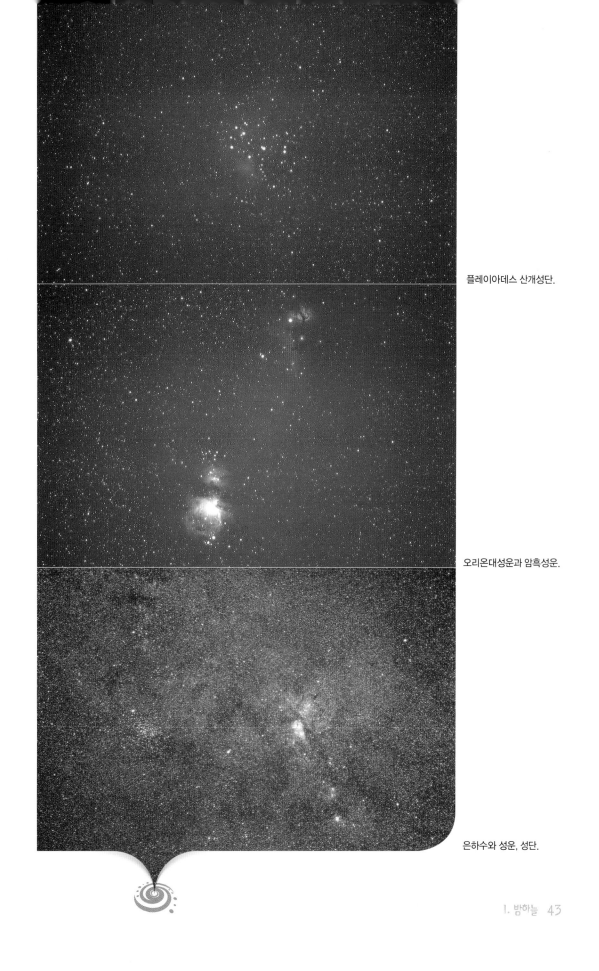

플레이아데스 산개성단.

오리온대성운과 암흑성운.

은하수와 성운, 성단.

감할 수 있다.

은하수와 성단은 맨눈으로는 별의 모습이 보이지 않지만, 커다란 망원경으로 관측하면 이것이 별들로 구성돼 있다는 것을 알 수 있다. 그리고 은하수 안의 별과 성단은 아무리 멀어도 태양으로부터 약 7만 광년 범위에 위치하고 있다. 그런데 안드로메다자리에 위치한 커다란 성운의 거리가 약 220만 광년 떨어져 있다는 사실이 밝혀졌다. 성운처럼 보였지만 이것은 우리은하 안에 있는 것이 아니라, 우리은하 밖 아주 먼 곳에 위치하는 외부 은하였던 것이다. 이것이 바로 안드로메다은하였다.

은하(galaxy)는 하나하나의 별, 이중성을 포함한 다중성, 별들의 집단인 산개성단과 구상성단, 가스 덩어리인 성운을 모두 포함하고 있는 커다란 집합체다. 은하 안에는 수천억 개의 별들이 존재하며 지름만 해도 수만 광년 이상이다. 태양이 위치하고 있는 은하가 우리은하이고, 우리은하 밖에는 안드로메다은하와 같은 외부 은하가 약 2000억 개 이상 존재한다. 보통 은하 하나에 1000억 개 이상의 별이 존재한다고 하니, 우주에는 얼마나 많은 별이 존재하는지 상상하기조차 어렵다. 은하들도 여러 개가 모여 있는 경우가 있는데 이것을 은하단이라고 부른다. 우리은하가 포함된 은하단을 국부 은하단이라고 하는데, 우리은하, 마젤란은하, 안드로메다은하가 포함되며 이 중 안드로메다은하가 가장 큰 은하다.

우리는 왜 별을 봐야 할까?

옛날 사람들은 농사를 짓는 데 필요한 날짜를 알기 위해 밤하늘을 열심히 관측해야 했지만, 지금은 TV나 스마트폰 등을 통해 날짜와 시각을 정확하게 알 수 있을 뿐만 아니라 날씨까지도 알 수 있게 됐다. 이제는

우리은하의 중심 방향으로 보이는 은하수.

군이 밤하늘의 별을 보지 않아도 된다. 그렇다면 현대를 살아가는 우리는 왜 밤하늘의 별을 봐야 할까?

한낮을 밝히는 태양은 지구에 존재하는 모든 생명의 원천이다. 그러나 이 태양은 우리은하 안에 존재하는 약 2000억 개의 별들 중 하나일 뿐이다. 물론 태양이 속한 우리은하조차도 수천억 개의 은하 중 하나다. 이처럼 우주는 무한히 큰 공간에 무한히 많은 별들로 구성돼 있다.

밤하늘의 빛 중에는 별똥에서 만들어져 0.001초 정도면 우리 눈에 들어오는 빛이 있는가 하면, 100억 년 전에 탄생한 별에서 나온 빛이 이제야 지구에 도착한 것도 있다. 100억 년 전 과거의 빛이 현재의 빛과 공존하는 것이다.

　도시의 콘크리트 정글 위에도 별은 변함없이 떠 있지만 각종 공해와 각박한 생활은 고개를 들어 하늘을 보는 여유조차 잊어버리게 했다. 복잡한 세상일은 낮에 끝내고 고개를 들어 까만 밤하늘을 올려다보라. 한 팔 길이밖에 도달할 수 없는 우리를 수천 km 아니 수십억 광년까지 안내할 것이다. 무한한 시간과 공간이 공존하는 아름다운 우주를 만나면 넓은 시각으로 사회의 현안 문제를 해결하는 데 도움이 될 것이다. 아니 아무런 이유가 없어도 우리는 별을 봐야 한다. 까만 밤하늘을 밝히고 있는 별을 보면 왠지 모르지만 스트레스가 풀리고 생활의 활력을 얻기 때문이다.

　과학은 질문하고 탐구하는 과정이다. 과학은 발견이다. 깨달음을 위한 여행 같은 것이다. 과학은 열린 결말이다. 항상 배울 게 더 많기 때문이다. 그래서 계속 질문을 해야 한다. 과학은 암기하는 것이 아니라 이해하는 것이다. 이해하면 설명할 수 있지만, 설명하지 못한다면 과학적 사실을 단순히 암기한 것이다. 과학적 사실을 이해하지 못하면 더는 발전시킬 수 없다.

　아름다운 밤하늘은 무한한 시공간이 주는 경이로움뿐만 아니라, 적어도 인간의 눈으로 식별할 수 있는 범위 내에서는 가장 복잡하게 운행하고 있었다. 그렇기 때문에 인류에게 밤하늘은 항상 호기심과 탐구의 대상이 됐다. 밤하늘은 맨눈으로 만날 수 있는 과학 실험실이다. 우리는 밤하늘의 별을 보며 저 별이 무엇일까 질문하고 알아가는 과정이 필요하다. 단순히 별자리 모양을 외운다고 금세 하늘에서 별자리를 찾을 수 없다. 천체의 운행 원리를 이해하고 별을 찾아야 한다. 이것이 과학을 알아가는 첫 번째 과정이다.

　우리는 지금까지 밝혀진 과학적 사실과 이론이 어떻게 설명되고 증명되었는지 이해해야 한다. 과학적 사실이나 이론을 단순히 외우는 것

밤하늘에서 볼 수 있는 수많은 별. 태양은 아 별 중의 하나일 뿐이다.

은 과학 공부가 아니다. 지구가 자전한다는 것을 어떤 방법으로도 느낄 수 없으니 그냥 외우라고 해서는 안 된다. 암기만 잘해도 과학 시험을 잘 볼 수 있지만, 이해하지 못하면 새롭게 발견된 사실이나 현상을 해석하고 발전시킬 수 없다. 과학은 우리 생활과 동떨어진 것이 아니다. 하늘에서 쉽게 보이는 어떤 현상(월식, 일식, 행성의 역행 등)이 왜 일어나는지를 설명하려는 노력에서 과학이 시작된다.

그냥 외우기보다는 왜 그럴까 하고 질문하는 습관을 가져야 한다. 생활 속에서 만나는 친숙한 자연 현상으로부터 왜 그런 현상이 일어나는지 질문하고 설명하려는 노력을 해야 한다. 밤하늘의 별을 보면서 이런 과정이 자연스럽게 이루어질 수 있다.

이것만은 꼭! ★ 별자리 전설을 알기 위해서가 아니라 과학을 이해하기 위해서 우리는 별을 봐야 한다. 밤하늘의 모습을 외워서 별을 찾으라고 하는 것은 옳은 방법이 아니다. 별 찾는 방법을 이해해야 별을 쉽게 찾을 수 있다.

2

내가 찾는

별자리는 어디에 있을까?★

별자리

별자리

내가 찾는 별자리는 어디에 있을까?

세계 지도에서 어떤 나라를 빨리 찾으려면?

세계 지도에서 어떤 나라나 도시를 누가 더 빨리 찾는지 놀이를 해본 적이 있을 것이다. 세계 지도에는 100개 이상의 나라가 그려져 있고, 나라마다 적게는 한두 개 많게는 열 개 이상의 도시가 표시돼 있으므로 한 번도 들어 보지 못한 도시를 곧바로 찾는 것은 거의 불가능하다. 초 등학생이라면 도시가 아니라 유명하지 않은 작은 나라를 찾는 것조차 쉽지 않을 것이다.

그러나 지구가 6개의 대륙으로 이루어져 있고, 내가 찾는 나라가 어 느 대륙에 위치하는지를 알고 있다면 그래도 빠른 시간 안에 찾을 수 있다. 왜냐하면 지도에는 각 대륙마다 그 이름이 크게 쓰여 있고 나라 이름도 쓰여 있기 때문이다. 내가 찾고자 하는 나라가 있는 대륙으로 시선을 향한 후 찾고자 하는 나라를 찾으면 된다. 예를 들어 그리스라 는 나라는 유럽 대륙에 위치하고 있다는 것을 알기 때문에 시선을 유럽 대륙을 향한 후 그리스라고 쓰여 있는 나라를 찾으면 된다.

그런데 만약 세계 지도에 대륙의 이름과 나라마다의 이름이 쓰여 있지 않고, 그 나라의 모양(경계선)만 표시돼 있다면 어떤 나라를 찾는 것은 무척 어려울 것이다. 지도에 대륙의 이름이 나와 있지 않다면 대륙의 위치를 먼저 확인해야 한다. 예를 들면 아시아의 서쪽에 붙어 있는 대륙이 유럽이고 유럽의 남쪽에 위치한 대륙이 아프리카라고 6개 대륙의 상대적 위치를 알고 있어야 한다.

뿐만 아니라 나라마다 이름이 쓰여 있지 않은 지도에서 그 나라의 모양(경계선)만으로 어떤 나라를 찾기 위해서는 나라마다 상대적 위치를 잘 알고 있어야 한다. 즉 그리스가 유럽 대륙의 남쪽에 위치한다는 사실을 알고 있어야 그나마 그리스를 쉽게 찾을 수 있다는 것이다. 단순히 그리스라는 나라의 모양(경계선)만으로는 넓은 유럽 대륙에서 그리스를 찾는 것이 쉽지 않을 것이다.

지구에 6개의 대륙이 있듯이 밤하늘도 크게 6개의 구역으로 나눌 수 있다. 봄, 여름, 가을, 겨울철의 별자리 등 사계절의 별자리와 북극성 주변의 별자리, 남십자성 주변의 별자리가 그것이다. 우리가 어떤 별자리를 잘 찾으려면 별자리가 6개의 별자리 군 중 어느 별자리 군에 속하는지를 알아야 하고, 그 별자리 군 내에서 상대적 위치도 파악해야 한다. 밤하늘에서 별자리를 찾는 것은 대륙과 나라의 이름이 쓰여 있지 않은 세계 지도에서 특정 나라를 찾는 것과 유사하기 때문이다. 아니 별자리의 경계가 불분명하기 때문에 밤하늘에서 별자리를 찾는 것이 좀 더 어려울 수 있다.

다행인 것은 밤하늘의 별자리 개수가 세계 지도 상의 국가 개수보다 훨씬 작다는 것이다. 밤하늘에는 총 88개의 별자리가 있을 뿐이고 그나마 우리나라에서 잘 보이는 별자리는 60개 정도다. 따라서 별자리의 상대적 위치와 하늘이 움직이는 원리를 이해하면 쉽게 별자리를 찾아 확인할 수 있다.

크리스마스이브에
견우성과 직녀성을 볼 수 있을까?

우여곡절 끝에 혼인한 견우와 직녀는 행복한 나머지 자신들의 일을 잊고 게으름을 피우기 시작했다. 화가 난 옥황상제는 이들에게 몇 번이나 주의를 주었지만 둘만의 행복에 빠져 있던 이들은 또 다시 게을러지고 말았다. 마침내 옥황상제의 분노는 극에 달했고 이들을 영원히 떼어놓을 결심을 한다. 그 결과 견우는 은하수 건너편으로 쫓겨났고, 직녀는 그의 성에 쓸쓸히 남아서 베틀을 돌려야 했다. 옥황상제는 일 년에 단한 번, 즉 일곱 번째 달 일곱 번째 날의 밤에만이들이 강을 건너 만날 수 있게 허락했다. 그날이 바로 음력 7월 7일인 칠월 칠석이다.

칠월 칠석이 속한 한여름 밤하늘에서 견우성과 직녀성이 가장 잘 보이기 때문에 이런 전설이 만들어졌을 것이다. 견우성이 있는 독수리자리와 직녀성이 있는 거문고자리는 여름철의대표 별자리다. 그러니 한여름 밤하늘에서 견우성과 직녀성이 가장 잘 보이는 것은 당연하다고 할 수 있다.

그러면 견우성과 직녀성은 겨울에는 볼 수 없을까? 12월 24일은 밤의 길이가 가장 긴 동지 이후 1~2일 지났기 때문에, 저녁 7시만 돼도 하늘은 칠흑 같이 어두워진다. 이때 북서쪽 지평선 위에서 유난히 밝게 빛나는 별이 하나 있다. 아니 이 시기에 특별히 금성이나 목성이 하늘에 나타나 있지 않다면 밤하늘 전체에서 가장 밝은 별이다. 바로 거문

이것만은 꼭! ★ 크리스마스이브에도 초저녁 서쪽 지평선 위에서 밝게 빛나는 견우성과 직녀성을 볼 수 있다. 여름철의 별자리인 거문고자리와 독수리자리를 여름 밤하늘에서만 볼 수 있는 것은 아니다.

12월 24일(크리스마스이브), 서쪽 하늘의 견우와 직녀: 오른쪽 나무 위에서 밝게 빛나는 별이 직녀성이고,
왼쪽 산등성이의 밝은 별이 견우성이다.

고자리의 직녀성이다.

　직녀성에서 왼쪽(남쪽) 방향으로 30도쯤 떨어진 곳에도 밝은 별이
하나 더 보이는데 이 별은 독수리자리의 견우성이다. 칠월 칠석에 만난
다는 전설의 주인공 견우와 직녀가 한겨울의 문턱인 크리스마스이브에
서쪽 하늘에서 보이는 것이다. 여름철의 대표 별자리인 거문고자리와
독수리자리를 여름 밤하늘에서만 볼 수 있는 것은 아니다.

왜 생일날 나의 탄생 별자리를 볼 수 없을까?

2002년 2월 15일에 태어난 은하의 탄생 별자리는 물병자리다. 은하는 이제 혼자서도 밤하늘을 보며 별자리를 잘 찾는다. 그런데 자기 생일날에 탄생 별자리인 물병자리를 왜 볼 수 없는지 묻는다.

2월 15일 저녁 8시경에 밝은 별이 하나도 없는 고래자리, 물고기자리, 페가수스자리가 서쪽 지평선 바로 위에 떠 있다. 그 뒤를 따라 시계 반대방향으로 동쪽 지평선까지 커다란 반원을 그리며 양자리, 황소자리, 쌍둥이자리, 게자리, 사자자리가 하늘에 떠 있다. 이날 시간이 지나 새벽 5시를 넘어서면 저녁 때 남쪽과 서쪽 황도(태양이 지나가는 길) 상에 떠 있던 별자리들은 이미 서쪽 지평선 너머로 자취를 감추었고, 동쪽 지평선 바로 위에 위치하던 사자자리가 서쪽 지평선까지 이동해 있다. 사자자리보다 위쪽에는 처녀자리와 천칭자리가 그 자태를 뽐내고 있으며 그 뒤를 이어 전갈자리, 궁수자리가 동쪽 지평선을 박차고 하늘로 오르려 한다.

이처럼 2월 15일 초저녁 동쪽 하늘부터 새벽녘 서쪽 하늘까지를 관측하면 대부분의 별자리를 관측할 수 있는데 유독 은하의 탄생 별자리인 물병자리만 볼 수 없다. 왜 은하의 탄생 별자리는 볼 수 없을까? 그것은 나의 탄생 별자리가 내가 태어난 날 가장 잘 보이는 별자리로 정해지는 것이 아니라, 내가 태어난 날 태양이 위치하는 별자리로 정해지기 때문이다. 즉 나의 탄생 별자리는 내 생일날 태양과 함께 떠오르기 때문에 볼 수 없는 것이다.

2월 15일에 태양은 물병자리에 있기 때문에 이날 태어난 사람의 탄생 별자리가 물병자리가 되는데, 물병자리는 태양과 함께 아침에 동쪽에서 떠서 저녁에 태양과 함께 서쪽으로 지기 때문에 정작 밤에는 찾아볼 수 없다.

은하뿐만 아니라 모든 사람들은 생일날 자신의 탄생 별자리를 볼 수 없다. 자신의 생일날에 태양이 자신의 탄생 별자리에 있기 때문이다. 예를 들어 3월 15일은 태양이 물고기자리에 위치하고, 5월 15일에는 황소자리, 7월 15일에는 게자리에 머물게 된다. 어떤 사람이 7월 15일에 태어났다면 그의 탄생 별자리는 게자리가 된다. 여름에 태어났지만 탄생 별자리는 겨울철 별자리인 것이다. 즉 자신의 탄생 별자리를 가장 잘 볼 수 있는 때는 자신의 생일날이 아니라 생일보다 6개월이 지났을 때다.

이것만은 꼭! 생일날 태양이 나의 탄생 별자리에 위치하기 때문에 나의 생일날에는 탄생 별자리를 볼 수 없다. 즉 탄생 별자리는 생일날 가장 잘 보이는 별자리가 아니라, 생일 무렵에 태양이 머무는 별자리다.

★**황도와 황도 12궁**★ 춘분날(3월 21일경) 태양은 정동쪽에서 물고기자리와 함께 뜨지만, 한 달 반쯤 뒤(5월 5일경)에는 정동쪽보다 북쪽으로 11도쯤 치우친 곳에서 뜬다. 그런데 물고기자리는 뜨는 위치가 바뀌지 않아 여전히 정동쪽 방향에서 뜨는데, 뜨는 시각이 3시간이나 빨라져 태양이 뜨기 전에 이미 지평선 위에 그 모습을 드러낸다. 한 달 반 동안에 태양이 물고기자리에서 양자리로 이동한 것이다. 한 달이 또 지나면 태양은 황소자리까지 이동해 좀 더 북쪽으로 치우친 곳에서 뜬다. 태양이 별자리 사이를 움직이는 것이다.

황도(黃道)는 태양이 하루 동안 하늘에서 움직이는 경로가 아니라, 태양이 한 해 동안 지나는 별자리 사이의 길로 지구 공전에 의해 생긴다. 즉, 1년 동안 별자리 사이를 움직이는 태양의 겉보기 경로가 황도다. 이 황도 상에 위치하는 12개의 별자리를 황도 12궁이라 한다. 물고기, 양, 황소, 쌍둥이, 게, 사자, 처녀, 천칭, 전갈, 궁수, 염소, 물병자리가 순서대로 태양이 이동하는 황도 12궁의 별자리다.

여름 밤하늘에 보이는 별자리는
모두 여름철 별자리일까?

하늘에는 총 88개의 별자리가 있지만 우리나라에서 잘 볼 수 있는 별자리는 60개 정도 된다. 60개의 별자리 중 큰곰자리, 작은곰자리, 기린자리, 용자리, 카시오페이아자리, 세페우스자리는 북극성 주변에서 계절에 상관없이 항상 볼 수 있다. 나머지 별자리들이 사계절의 별자리로 나뉘어져 있으므로 계절별 별자리의 숫자는 12개 내외가 된다.

지구를 둘러싸는 하늘은 낮과 밤으로 2등분되어 있으므로, 밤하늘에 떠 있는 별자리 모두가 한 계절의 별자리로 구성되어서는 안 된다. 왜냐하면 반대편 하늘에 세 계절의 별자리가 모두 떠 있을 수 없기 때문이다. 그러므로 여름 밤하늘에 떠 있는 별자리가 모두 여름철의 별자리는 아니다.

여름철 밤하늘 전체를 한번 살펴보자. 7월 15일 한여름 밤 9시경 동쪽 하늘에는 전갈, 뱀주인, 거문고, 독수리, 궁수, 백조자리 등의 여름철 별자리가 남쪽 하늘까지 점령하고 있으며, 서쪽 하늘에는 지평선 위에서부터 사자, 처녀, 큰곰, 목동, 헤르쿨레스자리 등 봄철의 별자리가 남쪽 하늘까지 장식하고 있다. 즉 봄, 여름 등 2계절의 별자리가 초저녁 여름 밤하늘에 동시에 떠 있는 것이다.

이날 시간이 지나 새벽 3시경이 되면 밤하늘의 모습은 어떻게 변해 있을까? 6시간 동안 별자리들은 밤하늘의 반을 이동할 수 있다. 따라서 동쪽에 있던 여름철의 별자리들은 모두 서쪽 하늘로 이동해 있다. 동쪽 하늘에는 가을철 별자리인 염소, 물병, 페가수스, 물고기, 안드로메다자리 등이 여름철 별자리가 비운 공간을 메우고 있다. 즉 한여름 새벽 3시의 하늘에는 서쪽에 여름철 별자리, 동쪽에 가을철 별자리가 동시에 떠 있는 것이다.

시간이 좀 더 지나 4시가 되면 동쪽 지평선 위에는 겨울의 전령인 마

여름철 초저녁 하늘. 서쪽 하늘에 봄철의 별자리가 떠 있고, 동쪽 하늘에 여름철 별자리가 떠 있다.

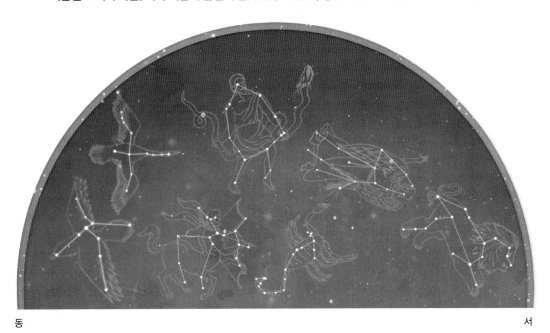

동   서

여름철 새벽녘 하늘. 서쪽 하늘에 여름철 별자리가, 동쪽 하늘에 가을철 별자리가 떠올라 빛나고 있다.

동   서

차부자리 카펠라와 황소자리 알데바란이 떠오르고 있다. 그러니까 한여름 새벽녘의 하늘에는 겨울철 별자리 일부(동쪽 지평선 바로 위)와 가을철 별자리 전체(남쪽 하늘), 그리고 여름철 별자리 일부(서쪽 지평선 바로 위)가 함께 떠 있다. 같은 시각 밤하늘에서 세 계절의 별자리를 함께 볼 수 있는 것이다.

그리고 이날(7월 15일) 초저녁 서쪽 하늘에서 봄철 별자리를 관측했고, 새벽녘 동쪽 지평선 위에서 겨울철 별자리를 관측할 수 있으므로 하룻밤을 지새우면 사계절의 별자리 모두를 관측할 수 있다.

계절별 별자리는 어떻게 정할까?

앞서 살펴본 것처럼 밤하늘에는 항상 두 계절 혹은 세 계절의 별자리가 동시에 떠 있다. 그렇다면 언제 어느 쪽 하늘에서 보이는 별자리를 그 계절의 별자리라고 정의하는 것이 좋을까? 그날 밤 언제든 볼 수 있는 별자리를 그 계절의 별자리라고 정의하는 것이 좋을 것이다. 예를 들어 오늘이 여름이라면 초저녁이나 자정 무렵 그리고 새벽녘이라도 여름철의 별자리를 볼 수 있어야 한다는 뜻이다. 그래야 그 계절을 대표하는 별자리라고 할 수 있다.

또한 초저녁 하늘에서 잘 보이는 별자리를 그 계절의 별자리라고 정의해야 한다. 그런데 초저녁 서쪽 하늘에 위치한 별자리를 그 계절의 별자리라 정의한다면 문제가 생긴다. 왜냐하면 초저녁에는 그 계절의 별자리가 잘 보이지만, 서쪽 하늘에 위치한 별자리들은 6시간쯤 뒤에는 지평선 아래로 사라져 볼 수 없기 때문이다. 즉 초저녁 서쪽 하늘의 별자리는 자정을 넘겨 새벽이 되면 더는 관측할 수 없다.

그러면 초저녁 동쪽 하늘에 떠 있는 별자리는 어떨까? 초저녁 동쪽 하늘에 떠 있는 별자리는 자정 무렵 남쪽으로 이동했다가 새벽녘에는 서쪽

겨울철 초저녁 동쪽 지평선 위의 오리온자리, 큰개자리, 작은개자리.

겨울철 새벽녘 서쪽 지평선 위의 오리온자리, 큰개자리, 마차부자리. 겨울철 초저녁에도 보이고 새벽녘에도 보이는 오리온자리와 큰개자리 등이 겨울철 별자리다.

하늘로 이동해 있으므로 밤새 관측할 수 있다. 그렇다. 초저녁 동쪽 하늘의 별자리가 그날 밤 밤새 볼 수 있는 별자리다. 그래서 초저녁 동쪽 하늘에 보이는 별자리를 그 계절의 별자리라고 정의하는 것이다. 따라서 봄에는 초저녁 동쪽 하늘에 봄철의 별자리가, 여름에는 초저녁 동쪽 하늘에 여름철 별자리가, 가을에는 초저녁 동쪽 하늘에 가을철 별자리가, 겨울에는 초저녁 동쪽 하늘에 겨울철 별자리가 위치하고 있다.

계절별 별자리의 서쪽과 동쪽에 있는 별자리는 어느 계절의 별자리일까?

초저녁 동쪽 하늘의 별자리가 그 계절의 별자리라고 정의했다. 그렇다면 초저녁 서쪽 하늘에 있는 별자리는 어느 계절의 별자리일까? 각 계절별 별자리가 어떤 순서로 뜨는지에 대해 알아보면 초저녁 서쪽 하늘에 어떤 별자리가 위치할지를 예측할 수 있다.

먼저 각 계절별 별자리가 뜨는 순서를 알아보자. 지금 동쪽 하늘에 봄철 별자리가 포진하고 있다면 몇 시간 전에 이 별자리가 동쪽 지평선 위로 뜬 것이다. 봄철 별자리가 다 뜨고 나면 어떤 별자리가 동쪽 지평선 위로 떠오를까? 다음 계절의 별자리인 여름철 별자리가 동쪽 지평선으로 뜨기 시작한다. 여름철 별자리가 다 뜨고 나면 가을철 별자리가 이어서 동쪽 지평선 위로 떠오르고, 그 뒤를 이어 겨울철 별자리가 뜬다. 그리고 겨울철 별자리가 다 뜨고 나면 다시 봄철 별자리가 동쪽 지평선 위로 떠오른다. 즉 동쪽 지평선 위로 뜨는 별자리의 순서는 봄, 여름, 가을, 겨울, 봄, 여름 등 사계절의 별자리가 반복된다.

동쪽에서 먼저 뜬 별자리는 서쪽을 향해 더 많이 이동하므로 늦게 뜬 별자리에 비해 항상 서쪽에 위치하게 된다. 반대로 늦게 뜬 별자리는 먼저 뜬 별자리에 비해 항상 동쪽에 위치하게 된다. 예를 들어 봄철 별자리는 여름철 별자리보다 항상 먼저 뜨고, 가을철 별자리는 여름철 별자리보다 항상 늦게 뜬다. 따라서 봄철 별자리는 여름철 별자리보다 서쪽에 위치하고, 가을철 별자리는 여름철 별자리보다 항상 동쪽에 위치하게 된다.

이것을 좀 더 보편화시키면 어떤 계절의 별자리보다 서쪽에 위치한 별자리는 어떤 계절보다 한 계절 앞선 계절의 별자리고, 어떤 계절의 별자리보다 동쪽에 위치한 별자리는 이 계절보다 한 계절 뒤의 별자리다. 예를 들면 겨울철 별자리의 서쪽에는 항상 가을철 별자리가 위치하고, 겨울철 별자리의 동쪽에는 항상 봄철 별자리가 위치하는 것이다.

가을철 별자리의 동쪽 방향에 위치한 겨울철 별자리. 서쪽 지평선 위의 페가수스자리, 좀 더 위쪽에 안드로메다자리와 양자리가 위치하고 그 뒤(동쪽 방향)를 이어 황소자리와 마차부자리가 위치하고 있다.

그러므로 밤하늘에서 어느 한 계절의 별자리만 찾아서 확인할 수 있다면, 인접한 두 계절의 별자리를 쉽게 찾을 수 있다. 예를 들어 7월 15일 초저녁(21시경)에 동쪽 하늘에서 여름철 별자리를 관찰하고 있다면, 서쪽 하늘에는 한 계절 앞선 봄철 별자리가 위치하고 있다. 이날 밤 12시가 넘어가면 동쪽 하늘에 있던 여름철의 별자리는 서쪽 하늘로 이동해 있을 것이고, 여름철 별자리의 동쪽에는 다음 계절의 별자리인 가을철 별자리가 위치하게 된다.

어느 계절의 별자리를 먼저 찾아야 할까?

한겨울에도 여름철 별자리를 볼 수는 있지만, 겨울에 여름철 별자리는 자기 계절의 별자리가 아니기 때문에 그날 밤 언제나 볼 수 있는 별자리는 아니다. 따라서 겨울에 여름철 별자리를 보려면 이 별자리가 언제 어느 쪽에 나타나는지를 알고 있어야 한다. 이것을 알기 위해서 가장 먼저 찾아야 하는 별자리는 그 계절의 별자리다. 왜냐하면 그 계절의 별자리는 밤새 보이기 때문에 언제 관측을 해도 밤하늘 어느 쪽에서나 찾을 수 있기 때문이다. 밤하늘의 어느 쪽에서든 그 계절의 별자리를 찾은 후 나머지 별자리를 찾아야 한다.

초저녁 동쪽 하늘에 위치한 별자리가 그 계절의 별자리지만, 우리가 항상 초저녁에만 별을 보는 것은 아니다. 따라서 관측 시각에 따라 그 계절의 별자리가 어디에 있는지를 알아야 한다. 자정 무렵에 관측을 하고 있다면, 초저녁에 동쪽 하늘에 위치하고 있던 그 계절의 별자리는 남쪽 하늘로 이동해 있다. 이렇게 자정 무렵에 남쪽 하늘에 위치한 그 계절의 별자리를 찾았다면, 이 별자리보다 서쪽에서 앞선 계절의 별자리를 관측할 수 있고, 동쪽에서 다음 계절의 별자리를 찾아 확인할 수 있는 것이다. 가령 10월 15일 한가을 밤 12시에 하늘을 본다면 남쪽 하

한여름밤 자정 무렵 남쪽 하늘까지 이동한 궁수자리와 전갈자리. 이때 서쪽 지평선 위에는 봄철 별자리가, 동쪽 지평선 위에는 가을철 별자리가 위치하고 있다. 세 계절의 별자리가 동시에 하늘에 떠 있는 것이다.

늘에서 가을철 별자리를 찾을 수 있고, 서쪽 지평선 위에는 여름철 별자리가, 동쪽 지평선 위에는 겨울철 별자리가 떠 있는 것이다.

새벽이 다 돼서 하늘을 바라본다면 그 계절의 별자리가 서쪽으로 완전히 이동해 지평선 아래로 별자리 일부가 지고 있을 것이다. 이 별자리보다 동쪽 방향인 남쪽 하늘에는 다음 계절의 별자리가 자리잡고 있으며 동쪽 지평선 위에는 다음 계절 별자리가 떠오르기 시작한다. 만약 한겨울 새벽에 하늘을 보고 있으면 겨울철 별자리가 서쪽 지평선 근처에 위치하고, 남쪽 하늘에는 봄철의 별자리가 포진하고 있으며 동쪽 하늘에는 여름철의 별자리인 거문고자리와 독수리자리가 떠오른다. 그러므로 한겨울 새벽녘 동쪽 하늘에서 직녀성과 견우성을 볼 수 있다.

거문고자리와 전갈자리는 어느 쪽에서 뜨고 질까?

백조, 거문고, 헤르쿨레스, 독수리, 뱀주인, 전갈, 궁수자리 등은 대표적인 여름철 별자리다. 이 별자리들은 여름철 초저녁 동쪽 하늘에서 만날 수 있다. 정동쪽을 향해 선 채로 양팔을 90도쯤 벌리면 그 안에서 이 별자리들을 찾을 수 있다.

그런데 별자리는 뜨는 위치가 정해져 있고 1년 내내 바뀌지 않는다. 위에서 말한 별자리 중 가장 왼쪽, 즉 정동쪽에서 북쪽으로 가장 많이 치우친 곳에서 뜨는 별자리는 백조자리고 그 다음이 거문고자리와 헤르쿨레스자리다. 독수리자리와 뱀주인자리는 거의 정동쪽에서 떠오르지만 전갈자리와 궁수자리는 오른쪽, 즉 남쪽으로 한참 치우친 곳에서 떠오른다.

위의 별자리가 서쪽으로 질 때도 뜰 때와 마찬가지로 지는 방향이 정해져 있다. 백조, 거문고, 헤르쿨레스자리는 정서쪽에서 북쪽으로 치

이것만은 꼭 ★ 무조건 관측 날짜가 속한 계절의 별자리를 먼저 찾아야 한다. 그 계절이 별자리는 초저녁에는 동쪽 하늘에, 자정 무렵에는 남쪽 하늘에, 새벽녘에는 서쪽 하늘에서 찾을 수 있다. 그리고 그 계절의 별자리 동쪽에서 다음 계절의 별자리를 찾거나 또는 서쪽에서 한 계절 앞선 계절의 별자리를 찾는다.

직녀성

견우성

안타레스

남쪽　　⟶

거문고자리의 직녀성과 전갈자리의 안타레스.

우친 곳으로 지는 반면에, 독수리자리와 뱀주인자리는 거의 정서쪽 지평선 위로 진다. 그리고 전갈자리와 궁수자리는 정서쪽 방향보다 한참 남쪽으로 치우친 곳으로 진다. 물론 동쪽을 바라보고 서 있을 때와 서쪽을 바라보고 서 있을 때의 오른쪽과 왼쪽은 서로 반대가 되기 때문에 서쪽을 바라보고 서 있을 때는 오른쪽(북쪽 방향)에 백조와 거문고자리가 있고 왼쪽(남쪽 방향)에 전갈과 궁수자리가 있다.

　태양은 계절에 따라 뜨고 지는 위치가 달라지지만, 별자리는 항상 동쪽의 특정한 방향에서 뜨고 서쪽의 특정한 방향으로 진다. 즉 북동쪽 방향에서 뜨는 별자리는 계절에 상관없이 항상 그 방향에서 뜨고, 질 때도 북서쪽 방향으로 진다. 마찬가지로 정동쪽 방향에서 뜬 별자리는

★지지 않는 별자리와 볼 수 없는 별자리★ 만약 우리가 살고 있는 곳이 적도 지역이라면 밤하늘의 모든 별은 동에서 떠서 서쪽으로 진다. 그러나 북반구의 한 곳에 살고 있는 우리가 바라보는 밤하늘의 별들은 모두 동에서 떠서 서쪽으로 지는 것은 아니다. 북극성 주위의 별들은 지평선 아래로 내려가지 않는다. 즉 별이 뜨지도 않고 지지도 않기 때문에 항상 하늘에서 관측이 가능한 것이다. 남반구의 하늘에 위치하는 일부 별들은 항상 지평선 아래에 머물기 때문에 뜨고 지는 모습을 볼 수 없다. 즉 우리나라에서는 1년 내내 한 번도 볼 수 없는 별자리가 있는 것이다.

1) **주극성(지지 않는 별자리):** 한국과 같이 지구의 북반구상의 지점에서는 하늘의 북극과 북쪽의 지평선과의 각거리를 반지름으로 한 작은 원을 천구 상에 그렸을 때, 이 속에 들어가는 항성 전부가 주극성이다. 우리나라에서는 카시오페이아자리, 세페우스자리, 큰곰자리, 작은곰자리, 용자리, 기린자리의 별들이 주극성이다.

2) **출몰성(뜨고 지는 별자리):** 계절별 별자리에 속하는 대부분의 별들이 출몰성이다.

3) **전몰성(볼 수 없는 별자리):** 남반구의 하늘에만 나타나는 별자리로 극락조자리, 카멜레온자리, 팔분의자리, 그물자리, 남십자자리, 시계자리, 날치자리 등에 속한 별들이 전몰성이다.

북극성 주변을 맴도는 별자리들.

카시오페이아와 북극성

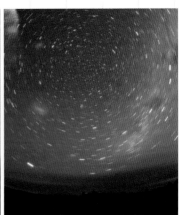

남반구에 위치하여 보이지 않는 별자리들.

	북쪽으로 치우친 곳에서 뜨고 지는 별자리	정동쪽에서 떠서 정서쪽으로 지는 별자리	남쪽으로 치우친 곳에서 뜨고 지는 별자리
봄철 별자리	큰곰, 목동, 사자, 머리털	처녀, 뱀, 천칭	까마귀, 바다뱀
여름철 별자리	백조, 거문고, 헤르쿨레스	독수리, 뱀주인	전갈, 궁수
가을철 별자리	카시오페이아, 안드로메다, 양, 삼각형, 페가수스	고래, 물고기, 물병	염소, 남쪽물고기
겨울철 별자리	마차부, 황소, 쌍둥이	작은개, 오리온	큰개, 토끼

정서쪽 방향으로 지며, 남동쪽 방향에서 뜨는 별자리는 계절에 상관없이 항상 남서쪽 방향으로 진다.

따라서 같은 계절의 별자리라 해도 북쪽에 가까이 있느냐 남쪽에 가까이 있느냐를 알고 있다면 별자리가 뜨고 질 때뿐만 아니라 하늘 가운데 왔을 때도 쉽게 별자리를 찾을 수 있다. 북동쪽에서 뜨는 별자리는 천정 근처를 지나지만, 정동쪽이나 남서쪽 방향에서 뜨는 별자리는 하늘 가운데를 지날 때 천정과 남쪽 지평선 사이에 위치한다. 별자리가 뜨고 질 때 남쪽 방향과 가까운 별자리일수록 남중할 때도 남쪽 지평선 바로 위에 위치하게 되는 것이다. 전갈, 남쪽물고기, 큰개자리 등이 남쪽 하늘에서 보이는 대표적인 별자리고, 백조, 마차부자리 등이 남중할 때 북쪽 하늘에 위치하는 별자리다.

한여름의 별자리 또는 계절별 중심 별자리는 무엇일까?

여름철 별자리 중 헤르쿨레스자리와 전갈자리는 봄철 별자리와 경계를 같이하고, 백조자리와 염소자리는 가을철 별자리와 경계를 마주 하고 있다. 반면, 거문고, 독수리, 궁수자리는 여름철 별자리 한가운데에 있어 여름의 중심 별자리 또는 한여름의 별자리라고 할 수 있다. 여름철의 중심 별자리인 독수리자리를 찾은 후 이 별자리의 동쪽과 서쪽 방향에서 나머지 별자리를 찾을 수 있다.

여름철 별자리는 항상 봄철 별자리를 뒤이어 떠오른다. 따라서 봄철 별자리와 경계를 맞대고 있는 헤르쿨레스자리는 여름철 별자리 중 가장 먼저 동쪽 지평선에 그 모습을 드러낸다. 그리고 가을철 별자리와 경계를 맞대고 있는 백조자리는 여름철 별자리 중 가장 늦게 떠오르지만, 서쪽 지평선으로 질 때는 이 백조자리가 가장 오랫동안 밤하늘을 지킨다.

여름의 중심 별자리인 독수리자리.

가을의 중심 별자리인 안드로메다자리.

이와 마찬가지로 봄철의 중심 별자리로는 처녀자리가 있고, 봄의 전령처럼 겨울철 별자리를 뒤이어 봄철 별자리 중 가장 먼저 동쪽 지평선에 나타나는 별자리로는 사자자리가 있다. 봄철 별자리 중 목동자리는 여름철 별자리와 경계를 맞대고 있기 때문에 가장 늦게 뜨고 서쪽 하늘에 봄철 별자리 중 가장 오랫동안 남아 있다.

겨울철 별자리 중에는 마차부자리가 가장 먼저 뜨고, 쌍둥이자리가 서쪽 하늘에 끝까지 남아 있다. 가을철 별자리는 페가수스자리에서 시작되고, 양자리가 겨울철 별자리와 경계를 맞대고 있다. 겨울의 중심 별자리는 오리온자리와 큰개자리고, 가을의 중심 별자리는 물고기자리와 안드로메다자리다.

이것만은 꼭! ★ 처녀자리, 독수리자리, 물고기자리, 오리온자리가 각 계절의 중심 별자리고, 사자자리, 헤르쿨레스자리, 페가수스자리, 마차부자리가 각 계절의 전령이 되는 별자리다. 목동자리, 백조자리, 양자리, 쌍둥이자리는 다음 계절의 별자리를 맞이하는 각 계절의 끝자락에 위치한 별자리다.

견우와 직녀

견우성과 직녀성을

3

찾아본 적이 ─ 있는가?

견우와 직녀

견우성과 직녀성을 찾아본 적이 있는가?

왜 내가 자신 있게 찾을 수 있는 별자리가 없을까?

하늘에는 총 88개의 별자리가 있지만 우리나라에서 관측할 수 있는 별자리는 60개 정도 된다. 그렇다면 여러분이 쉽게 찾을 수 있는 별자리는 몇 개 정도 되는가? 별자리에 대해 관심이 없는 사람이라면 북두칠성이 있는 큰곰자리와 W자 모양의 카시오페이아자리 정도가 찾을 수 있는 별자리의 전부일 것이다. 별에 대해 좀 더 관심이 있는 사람이라면 삼태성이 일렬로 배치된 오리온자리 정도를 찾을 수 있을 것이다. 그러나 이 별자리들도 별자리를 구성하는 별이 1~2개밖에 보이지 않으면 제대로 찾기란 쉽지 않다.

우리는 별자리를 어떻게 찾아서 확인하고 있는가? 대부분 별자리의 모양을 기억해 두고 같은 모양을 찾아서 별자리를 확인하고 있다. 아니 그렇게 가르치고 있다. 별자리 관련 책이나 천문대 교육조차 별자리 모양을 알려주는 데만 집중하고 있으며, 계절별 별자리가 하늘에 그 모습

거문고, 백조, 독수리자리가 함께 보이는 여름철 별자리. 위 사진에서 거문고 모양을 찾는 것이 쉬울까, 가장 밝은 별(직녀성)을 찾는 것이 쉬울까?

을 모두 드러냈을 때를 가정하고 별자리를 찾을 수 있도록 설명하고 있다. 별자리를 다룬 여러 종류의 책이 출판돼 팔렸지만 사람들 대부분은별자리를 제대로 찾지 못한다. 책을 제대로 안 봐서인가하고 다시 열심히 봐도 밤하늘에서 별자리를 찾을 수 없다. 여러분은 최소한 밤하늘에서 견우성과 직녀성은 찾아서 장담할 수 있는가? 직녀성조차도 찾을 수 없다면 무엇이 문제일까?

별자리 모양만으로 별자리를 찾는 데에는 한계가 많다. 왜냐하면 별자리를 구성하는 별들 중 알파성을 빼고는 대부분 어둡기 때문이다. 하늘에 있는 별자리와 책에서 본 별자리는 실제로 두 눈으로 확인할 수 있는 별과 개수에서 차이가 크다. 따라서 실제 밤하늘에서 보이는 별을 이용해 별자리 모양을 온전히 확인하는 것이 불가능하다. 즉 실제 밤하늘에서는 온전한 별자리 모양으로 보이지 않으니 모양만 기억해 두고서는 별자리를 찾을 수 없다.

거문고자리를 예로 들어 보자. 알파성인 직녀성 이외에 다른 별들은 너무 어두워 별자리 모양만으로 이것이 거문고자리임을 확인하기 어렵다. 그렇다고 칠월 칠석에 서울 하늘에서 여름의 대삼각형을 구성하는 세 별인 견우성, 직녀성, 데네브를 찾았다고 하자. 직녀성과 견우성은 어떻게 구별할 것인가? 밝기 차이만으로 견우성과 직녀성을 알아볼 수 있을까? 사실 일반인의 90% 이상이 견우성과 직녀성을 찾는 것조차 하지 못한다.

큰곰자리와 목동자리 중 어떤 별자리가 찾기 쉬울까?

'여러분이 실제로 밤하늘에서 찾을 수 있는 별자리는 무엇이 있나요?'라고 질문하면 많은 사람들이 '북두칠성'이라고 대답한다. 그런데 북두

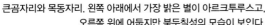
큰곰자리와 목동자리. 왼쪽 아래에서 가장 밝은 별이 아르크투루스고, 오른쪽 위에 어둡지만 북두칠성의 모습이 보인다.

칠성은 별자리 이름이 아니라 국자 모양을 한 일곱 개의 별을 지칭하는 것이다. 북두칠성은 큰곰자리를 구성하는 일부의 별들로 큰 곰의 엉덩이와 꼬리 부분에 해당한다. 우리는 큰 곰의 모습을 찾는 것이 아니라 국자 모양의 일곱 개 별을 찾았던 것이다.

봄이 한창 무르익을 무렵 동쪽 산등성이 위에 떠 있는 북두칠성 손잡이의 곡선을 따라 남쪽으로 눈길을 주면, 밝은 일등성이 나타나는데 이것이 목동자리의 아르크투루스다. 이 별과 오각형의 별들로 도깨비 방망이 모양의 별자리가 만들어지는데 이것을 고대 그리스 인들은 곰을 감시하는 곰 사냥꾼, 또는 소를 모는 목동의 모습으로 보았다.

그럼 실제 밤하늘에서 목동자리와 큰곰자리 중 어떤 별자리를 찾기가 쉬울까? 어차피 밤하늘에서 큰 곰과 목동의 모습은 보이지 않으므로 북두칠성을 찾으면 큰곰자리를 찾은 것이고, 아르크투루스를 찾으면 목동자리를 찾은 것이다.

북두칠성을 이루는 일곱 개의 별 중에 일등성은 하나도 없고 모두 이등성 정도의 밝기다. 특히 국자 손잡이의 네 번째 별은 3등성으로 일곱 개의 별 중 가장 어두워서 도심의 하늘에서는 잘 보이지 않는다. 즉 도심의 하늘에서는 달빛이 없고 아주 맑은 날이 아니라면 국자 모양을 확인하기가 쉽지 않다. 더군다나 일곱 개의 별 중 한두 개가 구름이나 무엇인가에 가려진다면 나머지 별들이 북두칠성의 일부라는 것을 확인하기 어렵다.

반면에 목동자리의 아르크투루스는 우리나라에서 볼 수 있는 별들 중 시리우스에 이어 두 번째로 밝은 별이다. 더군다나 북반구의 하늘에서는 아르크투루스가 가장 밝은 별이므로 봄철 별자리가 펼쳐진 하늘에서 가장 밝게 빛난다. 사자자리의 일등성 레굴루스와 처녀자리의 일등성 스피카도 봄철 별자리에서 밝게 빛나고 있지만 그 밝기가 아르크투루스의 밝기에 비할 바가 못 된다. 같은 일등성이라 해도 아르크투루스는 사자자리 레굴루스에 비해 약 3배 정도 밝다. 그러므로 봄철 별자리 사이에서 누구나 아르크투루스를 짐작할 수 있다. 물론 아르크투루스가 봄철 별자리의 밝은 일등성 중 가장 북쪽에 위치하고 서쪽으로 질 때는 가장 늦게 진다는 사실을 알고 있다면 좀 더 쉽게 찾을 수 있을 것이다.

종합해 보면 봄철 실제 밤하늘에서 북두칠성을 찾아 큰곰자리를 확인하는 것보다는 봄철 별자리 사이에서 가장 밝게 빛나는 아르크투루스를 찾은 후 목동자리를 확인하는 것이 더 쉽다. 그러나 지금까지 우리는 별자리 관련 책에서 항상 어떤 특정한 모양을 기초로 별 찾는 방법을 배웠다. 그래서 국자 모양으로 친숙한 큰곰자리를 잘 찾을 수 있을 것 같고 실제로 밤하늘을 관측할 때도 그 모양을 찾으려 한다. 그래서 우리가 자신 있게 찾을 수 있는 별자리는 겨우 큰곰자리와 카시오페이아자리뿐인 예가 많다.

　이제부터 잘 보이지도 않는 별들이 만드는 특정한 모양을 기초로 별을 찾으려 하지 말고, 밤하늘에서 아주 밝게 빛나는 일등성들을 기준으로 별자리를 찾아보자. 우리나라에서 볼 수 있는 일등성은 밤하늘 전체를 통틀어 16개뿐이니 별을 찾기 위해 기억해야 하는 수고도 적다.

16개의 일등성은 모두 어느 별자리의 알파성일까?

밤하늘에는 수없이 많은 별이 떠 있지만 맨눈으로 쉽게 구분해 이름을 확인할 수 있는 별의 개수는 수십 개 정도다. 왜냐하면 어두운 별은 잘 보이지 않을 뿐 아니라 보인다 하더라도 그 별이 어느 별자리의 어떤 별인지를 확인하기 어렵기 때문이다. 특히나 밝은 도심의 하늘에서는 아예 일등성밖에 보이지 않을 수 있으므로 우리가 찾아 확인할 수 있는 별의 개수는 훨씬 더 적어 몇 개 되지 않는다. 즉 우리가 밤하늘에서 쉽게 찾아서 확인할 수 있는 별은 일등성이거나 어떤 별자리의 알파성일 경우가 많다.

　각각의 별자리를 대표하는 으뜸별을 알파성이라고 부른다. 목동자리의 아르크투루스, 처녀자리의 스피카, 사자자리의 레굴루스, 거문고자리의 베가(직녀성), 독수리자리의 알타이르(견우성), 백조자리의 데네브, 전갈자리의 안타레스, 남쪽물고기자리의 포말하우트, 마차부자리의 카펠라, 황소자리의 알데바란, 쌍둥이자리의 카스토르, 오리온자

쌍둥이자리에서 가장 밝은 별은 베타성인 폴룩스다. 폴룩스 옆에서 일등성이라고 하기에 쑥스러운 밝기의 카스토르가
쌍둥이자리의 알파성이다. 우리나라에서 보이는 16개의 일등성 중 가장 어두운 것이 카스토르다.

사자자리의 유일한 일등성이자 알파성인 레굴루스가 사진의 오른쪽 아래에서 밝게 빛나고 있다.

리의 베텔게우스, 작은개자리의 프로키온, 큰개자리의 시리우스 등이 대표적인 알파성이다.

　게다가 이 별들은 모두 일등성이다. 그럼 알파성은 모두 일등성일까? 그렇지 않다. 왜냐하면 각각의 별자리에 알파성은 하나씩 있기 때문에 총 88개의 별자리에 88개의 알파성이 존재하지만, 밤하늘에서 볼 수 있는 일등성의 총 개수는 21개뿐이기 때문이다. 즉 일등성이 아니어도 별자리의 알파성이 될 수 있는 것이다. 더군다나 일등성 중에도 오리온자리의 리겔과 쌍둥이자리의 폴룩스는 그 별자리에 또 다른 일등성이 있기 때문에 알파성이 아니라 베타성이다.

　예외가 있긴 하지만 어떤 별자리의 알파성은 그 별자리에서 가장 밝은 별인 경우가 대부분이다. 따라서 밤하늘에서 어떤 별자리를 찾기 위해서는 그 별자리의 알파성을 먼저 찾아야 한다. 알파성을 통해 별자리 위치를 확인한 후 나머지 어두운 별을 찾아 선을 이으면 별자리 모양이

만들어진다. 예를 들어 사자자리는 처음부터 사자 모양의 별들을 어딘
가에서 찾는 것이 아니라, 사자자리의 알파성 레굴루스의 위치를 확인
한 후, 그 주위에서 데네볼라 등 나머지 밝은 별들을 찾아 선을 이으면
사자 모양의 별자리가 만들어지는 것이다.

별자리는 위치가 중요할까, 모양이 중요할까?

심지어 아마추어 천문인조차도 모양을 외워서 하늘에서 별자리를 찾는
다. 그래서 별자리를 잘 찾던 아마추어 천문인도 오랫동안 하늘을 보지
않으면 별자리를 제대로 찾지 못한다. 만약 오리온자리도 알파성인 베
텔게우스 하나만 보인다면 그것이 오리온자리의 별인지를 알아차리기
가 쉽지 않다. 별자리 모양을 알고 있어도 그 별자리가 어디에 있는지
잘 몰라서 찾을 수 없는 것이다.

　헤르쿨레스자리를 예로 들어 보자. 헤라클레스는 그리스 로마 신화
속에서 중요한 인물이므로, 많은 책에서 헤르쿨레스자리를 중요 별자

리로 다루며 화려하고 커다란 모습으로 묘사한다. 그리고 실제 밤하늘에서도 헤르쿨레스자리는 하늘의 넓은 영역을 차지하고 있으며, 우리나라에서 볼 수 있는 가장 큰 구상성단을 거느리고 있기 때문에 별밤지기들이 가장 자주 찾는 별자리기도 하다.

문제는 밤하늘에서 헤르쿨레스자리를 찾기 쉽지 않다는 것이다. 모든 책에서 헤르쿨레스자리를 찾기 위해 찌그러진 H자 모양의 별들을 먼저 찾으라고 설명하지만, 이 별들이 정확히 어느 지점에 있는지 모르면 찾기 쉽지 않다. 왜냐하면 헤르쿨레스자리의 알파성인 라스알게티는 H자 모양과 떨어져서 뱀주인자리 근처에 위치하고, H자 모양을 이루는 별들은 그나마 더 어둡기 때문이다. 드넓은 밤하늘의 어디에서 밝지도 않은 별들이 이루는 찌그러진 H자 모양을 찾을 수 있을까?

실제의 밤하늘에서 일등성이 아닌 어두운 별들이 이루는 모양을 찾기 위해서는 이것이 어디쯤에 있는지 위치를 알려주어야 한다. 거문고자리의 베가(직녀성)와 목동자리의 아르크투루스를 잇는 직선상의 중간 지점에 헤르쿨레스자리가 위치하고 있다는 사실을 알려주면, 어렵지 않게 보통의 별자리 책에서 설명하는 찌그러진 H자 모양의 별자리를 발견할 수 있다. 이것이 헤르쿨레스자리다.

헤르쿨레스자리처럼 밝은 별이 없는 별자리의 경우 주위에서 밝은 별을 먼저 찾은 후, 그 별자리까지 찾아가는 법을 알려줘야 어두운 별자리도 밤하늘에서 찾을 수가 있다. 무조건 별자리 모양만을 설명해서는 넓은 밤하늘에서 별자리를 쉽게 찾을 수 없다. 토끼자리를 찾는 데 중요한 것은 토끼자리의 모양보다 토끼자리가 오리온자리의 리겔 바로 아래 있다는 정보다. 일등성 또는 알파성의 위치 찾는 법을 익혀야 기준 별자리를 잘 찾을 수 있고, 어두운 별자리도 찾을 수 있는 것이다.

별자리를 쉽게 찾기 위해서는 각 별자리에서 가장 밝은 별인 알파성을 먼저 찾은 후 그 별자리의 나머지 별들을 찾아야 한다. 거문고자

거문고자리와 헤르쿨레스자리(왼쪽), 목동자리(오른쪽). 일등성이라 찾기 쉬운 직녀성(왼쪽 위)과 아르크투루스(오른쪽 아래)를 잇는 선상의 중간보다 약간 왼쪽에 헤르쿨레스자리(찌그러진 H자 모양)가 위치하고 있다.

이것만은 꼭! ★ 별자리가 어디쯤 있는지 위치를 모르면 모양만으로 별자리를 찾을 수 없다. 별자리 모양보다 별자리 위치를 아는 것이 더 중요하다.

리를 찾은 후 직녀성을 찾는 것이 아니라, 직녀성을 찾은 후 거문고자리의 나머지 별들을 확인해 별자리를 완성해야 한다. 마찬가지로 견우성, 스피카, 프로키온, 포말하우트를 찾은 후 각각 이 별이 속한 독수리, 처녀, 작은개, 남쪽물고기자리의 나머지 별들을 찾아 별자리 모양을 확인해야 한다. 왜냐하면 이 별자리들은 특별한 모양으로 설명하기 어려울 정도로 눈에 띄는 특징이 없기 때문이다.

견우성과 직녀성을 어떻게 구별할까?

별자리는 일등성 또는 알파성의 위치를 이용해 찾아야 하는데 밝기만으로는 구분하기가 어렵다. 그래서 밝은 별끼리 상대 위치를 비교해야 한다. 서로 다른 2개의 일등성을 비교한다고 해보자. 동쪽 지평선을 바라보며 떠오르는 일등성 2개가 있을 때, 어떤 별이 오른쪽(남쪽 방향)에서 보이고 어떤 별이 더 왼쪽(북쪽 방향)에서 보일까를 미리 알고 있다면, 이 두 별을 구분하기가 쉬울 것이다. 그리고 어떤 별이 먼저 뜨는지를 알고 있다면, 한 시야에서 보이는 일등성이나 알파성이 여러 개일 때 이를 구분하기가 좀 더 쉬워질 것이다.

별들이 천정 근처에 있을 때는 찾는 별이 천정보다 남쪽에 있을지, 천정보다 북쪽에 있을지를 알고 있으면 편리하다. 별들이 서쪽 하늘로 지려 할 때도 서쪽 지평선을 바라보고 섰을 때 어떤 별이 오른쪽(북쪽 방향)에 있을지 왼쪽(남쪽 방향)에 있을지를 알고 있다면 별을 구분하는 데 도움이 된다.

예를 들어 여름밤에 쉽게 찾을 수 있는 '여름 대삼각형'을 살펴보자. 이 삼각형을 이루는 일등성 3개는 각각 거문고자리의 알파성 베가(직녀성), 독수리자리의 알파성 알타이르(견우성), 백조자리의 알파성 데네브다. 이 삼각형을 이루는 별들 중 어느 별이 직녀성이고 견우성일까? 동쪽 지평선을 바라보며 별들이 떠오르는 모습을 관측하고 있는 장면을 생각해 보자. 7월 중순의 초저녁 또는 4월 말 자정 무렵에 이 삼각형이 동쪽 지평선 위에 떠 있는 모습을 볼 수 있다. 가장 왼쪽에 있는 별이 데네브, 천정에서 가장 가까운 별이 직녀성이고 오른쪽 지평선 위에 있는 별이 견우성이다.

여름의 대삼각형을 구성하는 별이 하늘 중앙에 왔을 때는 천정에서 가장 가까운 별이 직녀성이고, 견우성은 천정에서 남쪽으로 약 30도 떨어진 곳에 위치한다. 그리고 백조자리의 데네브는 직녀성보다 30도쯤 뒤쳐져서 남중하기 때문에, 직녀성에서 동쪽으로 약 30도쯤 떨어진 곳에서 데네브가 관측된다.

봄철 별자리에서 관측되는 아르크투루스나 레굴루스도 두 별의 상

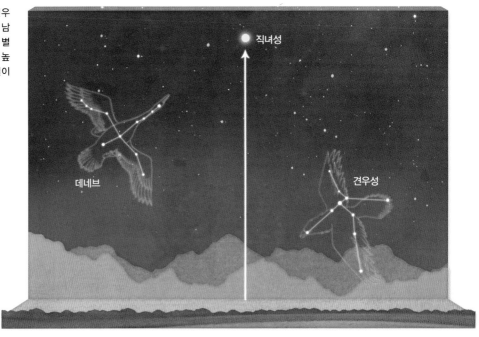

여름철 대삼각형(견우성, 직녀성, 데네브). 남쪽 방향에서 보이는 별이 견우성이고, 가장 높은 곳에서 보이는 별이 직녀성이다.

직녀성

데네브

견우성

이것만은 꼭! ★ 견우성이 직녀성보다 항상 남쪽으로 약 30도 떨어진 곳에 위치한다는 사실을 기억한다면 두 별을 쉽게 구분할 수 있다.

대 위치로 쉽게 구분할 수 있다. 레굴루스는 아르크투루스보다 서쪽으로 약 60도 치우친 곳에 있기 때문에, 봄철 별자리가 동쪽에 보일 때는 지평선 바로 위의 아르크투루스와 하늘 높이 올라가고 있는 레굴루스를 쉽게 구분할 수 있다. 봄철 별자리가 하늘 중앙에 위치할 때 레굴루스는 이미 서쪽 하늘로 많이 이동한 반면, 아르크투루스는 아직도 동쪽 하늘에 위치한다.

이처럼 별 두셋이 하늘에 동시에 보일 때 서로 상대적인 위치 관계를 알고 있다면, 밝기가 비슷하더라도 어떤 별이 내가 찾고자 하는 별인지 쉽게 구분할 수 있다. 이런 것들을 어떻게 예측할 수 있을까?

서울에서 볼 때 청주와 제천 중 어느 도시가 더 남쪽에 있을까?

청주와 제천은 모두 충청북도에 위치한 도시로, 서울에서 자동차로 1

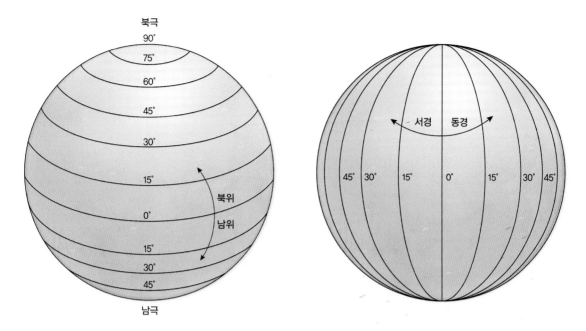

지구 상에서 어느 지점의 위치를 나타내는 위도와 경도.

시간 40분 정도면 도착할 수 있는 거리에 있다. 그렇다면 서울에서 볼 때 두 도시 중 어느 도시가 좀 더 남쪽에 있을까? 동해와 속초 중 어느 도시가 좀 더 동쪽에 위치할까?

우리나라 전체가 한 페이지에 나오는 지도를 펴 놓고 두 도시를 찾아보면, 어떤 도시가 다른 도시에 비해 남쪽에 위치하고, 어떤 도시가 또 다른 도시에 비해 동쪽에 위치하는지를 알 수 있다. 그런데 지도가 없어도 두 도시의 위도와 경도 값을 알고 있으면, 비교하는 두 도시의 위치를 좀 더 쉽게 예측 할 수 있다.

어떤 도시의 위도가 높을수록 북쪽에 위치하고 위도가 낮을수록 남쪽에 위치한다. 이 도시의 경도가 클수록 좀 더 동쪽에 위치한다. 따라서 청주와 제천을 비교하면 위도가 낮은 청주가 제천보다 약 55km 남쪽에 있다. 속초와 동해를 비교했을 때는 경도가 큰 동해가 속초보다 약 58km 동쪽에 있다.

부산, 대구, 광주, 대전, 울산 등 우리나라의 대도시는 굳이 위도와 경도를 알지 못해도 도시의 상대 위치를 대략 알 수 있지만, 친숙하지 않은 도시의 경우 예측하기 쉽지 않다. 예를 들어 중국의 베이징은 서울보다 북쪽에 위치할까? 중국의 상하이는 베이징보다 동쪽에 위치할까? 중국 지도를 보기 전에는 예측하기가 쉽지 않지만 베이징과 상하이의 위도와 경도 값을 알고 있으면, 설사 이 도시를 잘 모른다고 해도 서울과의 상대 위치를 비교해 짐작할 수 있다. 서울보다 위도 값이 큰 베이징은 서울보다 북쪽에 위치하고, 경도 값을 비교하면 베이징이 상하이보다 서쪽에 위치한다고 생각할 있다.

밤하늘의 별의 찾을 때도 밝은 별의 상대 위치를 비교할 수 있는 방법이 있다면 유리하다. 별의 상대 위치를 표시하는 좌표값이 적위와 적경이다. 따라서 별의 적도 좌표값(적위, 적경)을 알고 있으면, 한 시야에 보이는 별들을 쉽게 구분해 어떤 별인지 확인할 수 있다. 그런데 한 가지 주의할 점은 별에 대한 정보(적위, 적경)가 있다 하더라도 어떤 별이 먼저 뜰지를 예측하는 것은 쉽지 않다. 다만 어느 별이 먼저 남중할지는 알 수 있다.

이것만은 꼭! ★ 서울과의 거리가 비슷해도 위도 값이 작은 청주가 위도 값이 큰 저천보다 훨씬 남쪽에 위치한다.

별들의 상대 위치를 정확하게 알 수는 없을까?

별에도 상대적 위치를 비교할 수 있는 좌표가 있다. 바로 적위와 적경이다. 적위는 위도와, 적경은 경도와 비슷한 개념이다. 적위는 천구의 적도를 기준으로 남쪽에 위치한 별은 마이너스 값(0도에서 −90도까지)을 나타내고, 북쪽에 위치한 별은 플러스 값(0도에서 +90도)을 나타낸다.

적위 값이 큰 별은 작은 별에 비해 상대적으로 북쪽 하늘에서 관측된다. 반대로 적위 값이 작은 별은 남쪽 하늘에서 관측된다. 예를 들어 오리온자리의 일등성 리겔과 베텔게우스를 비교하면 적위 값이 −8도 12분인 리겔이 +7도 24분인 베텔게우스에 비해 약 15도 남쪽에서 보인다.

동쪽을 바라보고 동쪽 지평선 위로 떠오르는 별을 관측할 때, 적위 값이 큰 별은 왼쪽에서 보이고 적위 값이 작은 별은 오른쪽에서 관측된다는 사실을 이해하면 별을 쉽게 구분할 수 있다. 예를 들어 쌍둥이자리의 카스토르와 큰개자리의 시리우스가 동쪽 지평선 위로 떠오르는 모습을 관찰하기 위해, 동쪽을 향해 서 있으면 적위 값이 +31도 54분인 카스토르는 정동쪽에서 왼쪽(북쪽 방향)으로 약 32도 치우친 곳에서 떠오르지만, 적위 값이 −16도 42분인 큰개자리의 시리우스는 정동쪽에서 오른쪽(남쪽 방향)으로 약 17도 치우친 곳에서 관찰된다. 두 별이 약 49도쯤 떨어져 있는 것이다.

반대로 서쪽을 바라보고 서쪽 지평선 위에 떠 있는 별을 관측할 때 적위 값이 큰 별은 오른쪽에서 보이고 적위 값이 작은 별은 왼쪽에서 관측된다. 예를 들어 마차부자리의 카펠라와 큰개자리의 시리우스가 서쪽 하늘에 떠 있을 때 서쪽을 바라보고 있으면, 적위 값이 +45도 59분인 카펠라는 정서쪽보다 오른쪽(북쪽 방향)에서 보이고 적위 값이

별의 적위 값이 +(플러스)인 별은 정동쪽보다 북쪽으로 치우친 곳에서 뜨고 적위 값이 −(마이너스)인 별은 정동쪽보다 남쪽으로 치우친 곳에서 뜬다.

−16도 42분인 시리우스는 정서쪽보다 왼쪽(남쪽 방향)에서 관측된다. 두 별은 오리온자리를 사이에 두고 서로 62도나 떨어져 있다.

이처럼 별의 적위 값을 이용하면 별이 동쪽 하늘에서 떠오를 때와 서쪽 하늘로 지려 할 때, 오른쪽 또는 왼쪽으로 얼마나(몇 도) 떨어져 있는지를 예측할 수 있으므로 별을 쉽게 찾아 확인할 수 있다. 별이 하늘 한가운데 떠 있을 때는 적위 값을 이용해 천정에서 남쪽 지평선 쪽으로 몇 도 떨어져 있을지도 예측할 수 있다.

적경 값은 경도와 비슷한 개념이다. 도시들의 경도만 알아도 어떤 도시는 서울보다 더 동쪽에 있고, 또 다른 도시는 서울보다 서쪽에 있다는 사실을 알 수 있다. 서울 동쪽에 두 개의 도시가 있다면, 어떤 도시가 동쪽으로 얼마나 멀리 위치하는지도 알 수 있다. 영동고속국도를 따라 위치한 원주와 강릉을 예로 들어 보면, 세 도시의 경도 값만으로

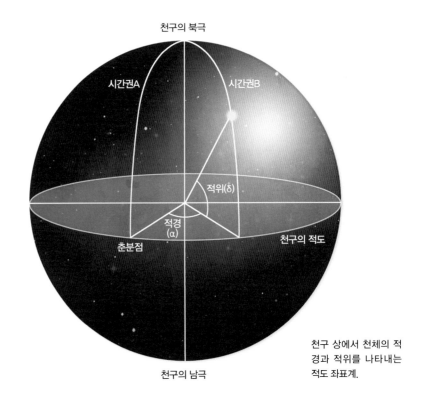

천구 상에서 천체의 적경과 적위를 나타내는 적도 좌표계.

★**별의 밝기와 16개의 일등성**★ 2100여 년 전 하늘에 그때까지 보이지 않던 새로운 별이 나타났다가 사라졌다. 이 때부터 사람들은 별의 위치를 정확하게 나타낸 관측 기록을 만들기 시작했다. 히파르코스도 별 1080개의 위치를 표시한 성도(별 지도)를 만들었고, 별을 밝기에 따라 6개의 등급으로 나누었다. 아주 밝게 보이는 별들을 1등급으로 표시했고 눈으로 보일 듯 말 듯한 밝기의 별을 6등급으로 표시했다. 이 밝기 체계를 현재는 좀 더 체계화해 1등급의 밝기 차를 약 2.5배로 계산해 별의 밝기를 소수점까지 나타내고 있다. 즉 1등급의 별은 6등급의 별보다 약 100배 더 밝고 −4등급의 금성은 1등급의 별보다 또 100배 더 밝은 것이다.

같은 일등성이지만 큰개자리의 시리우스는 −1.5등급의 밝기로, 쌍둥이자리의 일등성들보다는 10배 이상 밝게 빛난다. 반달의 밝기는 −9.9등급으로 시리우스보다 2200배 이상 밝으므로, 밤하늘에 보이는 모든 별의 밝기를 다 합친 것보다도 반달이 더 밝다. 보름달은 반달보다 약 12배 더 밝으니 보름달이 뜨면 밤하늘이 너무 밝아서 별이 잘 보이지 않는다.

16개 일등성의 적경, 적위, 밝기

별자리	별 이름	적경	적위	밝기(등급)
황소	알데바란	4h 35m 36.3s	+16도 29분 54초	0.85
마차부	카펠라	5h 16m17.0s	+45도 59분 35초	0.08
오리온	리겔	5h 14m16.4s	−8도 12분 28초	0.12
오리온	베텔게우스	5h 54m 52.5s	+7도 24분 23초	0.5
큰개	시리우스	6h 44m 54.4s	−16도 42분 30초	−1.46
쌍둥이	카스토르	7h 34m 14.9s	+31도 54분 3초	1.58
작은개	**프로키온**	**7h 39m 0.9s**	**+5도 14분 22초**	**0.38**
쌍둥이	폴룩스	7h 44m 58.8s	+28도 2분 23초	1.14
사자	레굴루스	10h 8m 4.8s	+11도 59분 39초	1.35
처녀	스피카	13h 24m 54.2s	−11도 7분 58초	0.98
목동	아르크투루스	14h 15m 24.6s	+19도 12분 40초	−0.04
전갈	안타레스	16h 29m 4.2s	−26도 25분 12초	0.96
거문고	베가	18h 36m 45.1s	+38도 46분 42초	0.03
독수리	알타이르	19h 50m 30.9s	+8도 51분 13초	0.77
백조	데네브	20h 41m 14.6s	+45도 15분 38초	1.25
남쪽물고기	포말하우트	22h 57m 20.9s	−29도 39분 5초	1.16

도 원주가 서울에서 동쪽으로 떨어진 거리보다, 강릉이 원주에서 동쪽으로 더 멀리 떨어져 있다는 것을 계산할 수 있다.

별의 좌표에는 경도 대신 적경 값이 이용된다. 적위와 달리 적경 값에는 플러스나 마이너스 값이 있는 것이 아니라, 시간의 개념이 적용되어서 별의 적경 값은 0시부터 24시까지로 구분되어 있다. 별의 적위 값은 어떤 별이 좀 더 남쪽으로 치우쳐 있는지 북쪽으로 치우쳐 있는지를 나타내지만, 별의 적경 값은 어떤 별이 좀 더 서쪽으로 치우쳐 있는지 혹은 동쪽으로 치우쳐 있는지를 나타낸다.

적경 값이 작은 별은 적경 값이 큰 별에 비해 항상 서쪽으로 치우쳐져 있다. 예를 들어 사자자리의 레굴루스는 적경 값이 10시 8분(10h 8m)이고, 목동자리의 아르크투루스는 14시 15분(14h 15m)으로 표시되어 있다. 이 두 별의 위치를 비교해 보면 레굴루스는 아르크투루스에 비해 항상 서쪽으로 치우쳐져 있다. 반대로 이야기하면 아르크투루스는 레굴루스에 비해 항상 동쪽으로 치우쳐져 있다.

적경 값의 1시간 차이는 각도로 15도 차이다. 적경 값이 10시 8분인

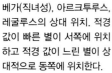

베가(직녀성), 아르크투루스, 레굴루스의 상대 위치. 적경 값이 빠른 별이 서쪽에 위치하고 적경 값이 느린 별이 상대적으로 동쪽에 위치한다.

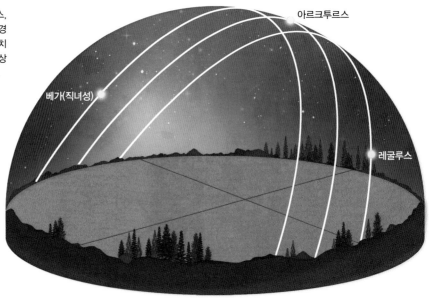

사자자리의 레굴루스와 적경 값이 14시 15분인 목동자리의 아르크투루스는 서로의 적경 값에서 4시간가량 차이를 나타내기 때문에 각도로는 약 60도 차이가 난다. 따라서 두 별은 동서 방향으로 약 60도 떨어져 있다. 이것은 레굴루스는 아르크투루스보다 항상 서쪽 방향으로 60도 떨어진 곳에 있다는 의미다.

이처럼 천체의 적도 좌표인 적위와 적경을 알고 있으면 하늘에서 동시에 보이는 별들의 상대 위치를 정확히 알 수 있을 뿐 아니라 동쪽 지평선 아래에 어떤 별들이 있을지도 예측할 수 있다. 물론 서쪽 지평선 밑으로 조금 전에 어떤 별들이 졌는지도 알 수 있다.

북극성은 어디에 어떤 높이로 떠 있을까?

모든 별이 동쪽에서 뜨고 서쪽으로 지는 것처럼 느껴지지만 하늘에서 움직이지 않는 별이 하나 있다. 바로 북극성이다. 북극성은 항상 북쪽 하늘의 일정한 위치에 떠 있기만 하고 움직이지 않는다. 관측자로부터 북극성까지 이은 선분이 북쪽 지평선과 이루는 각도를 북극성의 고도라 한다.

이 북극성의 고도는 관측자가 지구 상의 어느 위도에 있는지에 따라 달라진다. 만약 관측자가 적도 지방에 있다면 북극성의 고도는 0도가 되고, 관측자가 북극에 위치하고 있다면 북극성의 고도는 90도가 된다. 남반구에서는 북극성의 고도가 마이너스 값이 되기 때문에 보이지 않는다.

그러면 내가 사는 지방에서 북극성의 고도는 얼마일까? 바로 그 지방의 위도와 같다. 서울은 위도가 약 37.5도이므로 북극성의 고도 또한 약 37.5도다. 즉 북쪽 지평선과 37.5도를 이루게 팔을 뻗으면 그곳에 북극성이 있다.

이것만은 꼭!★ 별의 상대 위치를 정확하게 비교할 수 있는 방법이 있다. 별마다 주어진 적경 값과 적위 값을 이용하는 것이다. 이 중 적위 값은 별이 얼마나 남북에 있느냐를 비교할 때 사용된다. 적위 값이 큰 별은 북쪽에, 적위 값이 작은 별은 남쪽에 있다. 적경 값은 별이 동쪽 지평선에 가까운지 서쪽 지평선에 가까운지를 비교할 때 사용된다. 적경 값이 비교 대상보다 작으면 서쪽에, 적경 값이 비교 대상보다 크면 동쪽에 위치한다.

북극성은 지평선에서 그 지방의 위도와 같은 각도의 높이에 떠 있다.

북극성을 제외한 모든 별은 하늘에서 움직이기 때문에 관측 시각에 따라 고도가 변한다. 어떤 별이 동쪽에서 떠오를 때는 지평선 바로 위에 있기 때문에 고도가 10도 이내지만, 시간이 지나 이 별이 점점 하늘 높이 올라가면 고도 값도 커진다. 그러다가 이 별이 서쪽 지평선으로 질 때가 되면, 고도 값은 다시 10도 이내로 내려갔다가 0도가 되면 지평선 아래로 완전히 사라진다.

머리 위 수직 방향에 있는 하늘의 위치를 천정(天頂, Zenith)이라 하고, 남쪽 지평선의 남점에서 시작해 천정을 지나 북쪽 지평선의 북점까지 이은 하늘의 큰 반원을 자오선이라 한다. 어떤 천체가 이 자오선 상에 위치할 때를 '남중'이라 하고, 이때의 고도를 '남중고도'라 한다. 별

서울타워 꼭대기의 고도

의 고도는 시간에 따라 변하지만 남중고도 이상으로 커질 수 없다. 즉 별의 고도가 가장 클 때가 남중했을 때고, 남중고도가 그 별이 나타낼 수 있는 최대의 고도 값이다.

별의 고도는 시각과 날짜에 따라 달라질 수 있지만 특정 지역에서 어떤 별의 남중고도는 별마다 고유한 값을 나타낸다. 예를 들어 위도가 37.5도인 서울에서 직녀성의 남중고도는 89도이고 견우성의 남중 고도는 61도다. 이처럼 별의 남중고도는 특정한 값을 나타내기 때문에 이것을 이용해 별을 찾아 확인하는 데 이용할 수 있다.

★천체의 높이는 각도로 표시★ 천체가 하늘에 떠 있는 높이를 나타낼 때 고도(altitude)라는 용어를 사용하는데, 이것은 지평선을 기준으로 측정한 천체의 높이를 각도로 나타낸 값을 말한다. 어떤 천체가 지평선 바로 위에 위치하면 고도가 0도, 천정에 위치하면 고도가 90도가 된다. 북극성을 제외한 대부분의 별은 뜨고 지기 때문에 관측 시각에 따라 고도가 변한다.

동쪽 하늘에 떠 오른 목성의 고도를 측정하는 모습.

서울에서 천정을 지나가는
가장 밝은 천체는 무엇일까?

어떤 천체의 남중고도는 특정 지역에서 관측을 하게 되면 별마다 적위 값에 따른 고유의 값을 나타낸다. 예를 들어 서울(위도 37.5도)에서 견우성(적위 +8.5도)을 바라보면 하늘로 가장 높이 올랐을 때 그 고도가 61도이고 이 값을 서울에서 견우성의 남중고도라 한다.

특정 지역에서 어떤 별의 남중고도는 계절에 상관없이 항상 일정한 값을 나타내지만, 남중 시각은 관측하는 날짜에 따라서 달라진다. 예를 들어 견우성은 서울에서 5월 초에 관측하게 되면 새벽 5시, 8월초에는 밤 11시, 10월 초에는 저녁 7시로 남중 시각이 달라지지만 남중고도는 61도로 항상 일정하다. 서울에서 견우성의 남중고도는 항상 61도이기 때문에 여름철의 별자리를 쳐다보다가 천정에서 남쪽으로 약 30도 떨어진 곳에서 밝은 일등성이 보인다면 그 별이 바로 견우성이다.

태양은 별들과 달리 계절에 따라 남중고도가 달라진다. 서울에서 태양의 남중고도는 하짓날(6월 22일 전후)에 가장 커서 76도, 동짓날(12월 22일 전후)에 가장 작아서 30도다. 일 년 중 태양이 하늘의 가장 높은 곳에 위치하는 때인 하짓날 정오가 되더라도 태양은 천정까지 올라오지 못하고 천정에서 남쪽으로 약 14도 아래에 위치하고 있다. 즉 서울에서 태양이 천정 부근까지 올라오는 날은 없다.

별은 항상 같은 위치에서 떠오르기 때문에 남중고도가 변하지 않지만, 태양은 계절에 따라 뜨는 위치가 달라지기 때문에 남중고도도 함께 변한다. 즉 별이 어디서 떠오르는가에 따라 남중고도 값이 결정되고, 천체의 남중고도를 결정하는 것이 천체의 좌표 중 적위 값과 연관이 있는 것이다. 따라서 천체의 적위 값에 따라 천체의 뜨는 위치도 결정된다. 그럼 어느 위치에서 뜬 천체의 남중고도가 가장 커서 관측자의 천

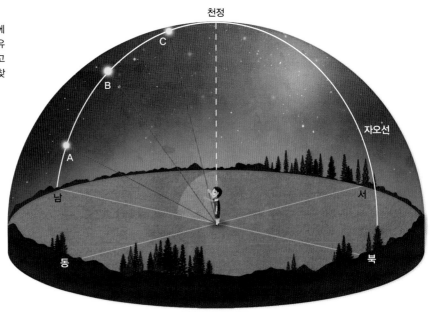

별의 남중고도. 특정 지역에서 별들의 남중고도는 고유한 값을 갖기 때문에 남중고도를 이용해 A, B, C 별을 찾고 각각을 구분할 수 있다.

정 부근을 지날까?

　적도를 제외한 북반구의 모든 지방에서 관측되는 천체는 떠오를 때 수직으로 뜨지 않고 비스듬히 떠오르기 때문에 정동쪽에서 뜨는 천체가 남중할 때 천정을 지나지 못하고 남쪽 하늘을 통과하게 된다. 위도가 약 37.5도인 서울에서 천체를 관측할 때 천체가 떠오르는 각도는 서울의 위도와 같은 약 37.5도다. 따라서 정동쪽에서 뜨는 천체(적위 값이 0도)가 남중할 때의 남중고도는 52.5도로 90도에서 관측자의 위도 값을 뺀 값이 된다. 이 값에 천체의 적위 값을 더하게 되면 그 천체의 남중고도가 된다. 즉 어떤 천체의 남중고도는 다음 공식으로 구할 수 있다.

천체의 남중고도 = (90−관측자의 위도) + 천체의 적위

　그럼 서울에서 어떤 천체가 남중할 때 천정 근처를 지날까? 천체의 남중고도가 90도가 되기 위해서는 천체의 적위 값이 관측자의 위도와 같아야 한다. 그러므로 위도 37.5도인 서울에서 천정을 지나기 위해서는 천체의 적위 값이 37.5도여야 한다. 다시 말해 적위 값이 37.5도에 가까운 별일수록 남중했을 때 천정 근처를 지난다. 일등성 이상의 밝은

천체 중에 유일하게 직녀성의 적위 값이 38도이므로 남중할 때 천정 근처를 지난다.

적위 값이 37.5도보다 큰 값을 나타내는 천체일수록 남중할 때 천정에서 북쪽으로 치우친 곳을 지나가고, 적위 값이 37.5도보다 작은 값을 나타내는 천체일수록 남중할 때 남쪽으로 치우친 곳을 지나간다. 따라서 적위 값이 항상 37.5도 이하인 태양, 달, 화성, 목성, 토성과 13개의 일등성이 남중할 때 남쪽 하늘에서 보인다.

서울에서 보이는 16개의 일등성 중 남중할 때 북쪽 하늘을 통과하는 별은 천정 가까이서 보이는 직녀성과 천정에서 북쪽으로 약 8도 떨어진 곳을 지나는 마차부자리의 카펠라와 백조자리의 데네브뿐이다. 정리하면 천정을 지나는 가장 밝은 천체는 거문고자리의 직녀성이고, 단 2개의 일등성만이 남중할 때 북쪽 하늘을 지나고 일등성 이상의 모든 별과 행성, 태양, 달 등이 남중할 때 남쪽 하늘을 지난다. 이것이 남쪽 하늘을 바라보며 별을 찾아야 되는 이유다.

계절별로 가장 찾기 쉬운 별은 어떤 별일까?

넓은 밤하늘에서 별자리 모양만으로 별을 찾을 수 없다. 그러나 별에도 서로의 상대 위치를 알려주는 좌표값(적위, 적경)이 있으니, 이 값을 이용하면 별들을 좀 더 쉽게 구분할 수 있다. 별의 좌표값이 있어도 이 별이 지금 어디에 있는지를 짐작하는 것은 쉽지 않으므로, 기준이 될 수 있는 별을 먼저 찾는 것이 중요하다. 그래서 각 별자리의 알파성을 먼저 찾아야 한다.

기준이 되는 별을 찾은 후 별의 좌표값을 이용해 다른 별을 찾는 방법이 가장 효율적이다. 예를 들어 직녀성을 찾은 후 이 별보다 남쪽으로 약 30도 떨어진 곳에서 견우성을 찾는 방식이다.

거문고자리의 직녀성. 밤하늘에서 가장 찾기 쉬운 별로 별 찾기의 절대 기준이 될 수 있다.

★계절별 별자리 중 기준 별(가장 찾기 쉬운 별) 정하는 법★

아래에 열거한 특징을 참고해 가장 찾기 쉬운 별을 선택하도록 한다.

1) 계절별 별자리에서 가장 밝은 별 또는 일등성.
2) 계절별 별자리의 일등성 중 가장 먼저 뜨는 별 또는 가장 늦게 뜨는 별.
   (동쪽 지평선 위 하늘에서 가장 높이 떠 있느냐 가장 낮게 위치하느냐로 판단한다.)
3) 계절별 별자리의 일등성 중 북쪽으로 가장 치우친 곳에서 뜨는 별 또는 남쪽으로 가장 치우친 곳에서 뜨는 별.
   (동쪽 지평선을 바라보고 서 있을 때 왼쪽(북쪽 방향)으로 치우친 곳에 있는가 또는 오른쪽(남쪽 방향)으로 치우친 곳에 있는가로 판단한다.)
4) 계절별 별자리의 일등성 중 천정 근처를 지나는 별 또는 북쪽 하늘을 지나는 별.
5) 계절별 별자리의 일등성 중 가장 일찍 지는 별 또는 가장 늦게 지는 별.
   (서쪽 지평선 위 하늘에서 가장 높이 떠 있는가 또는 가장 낮게 위치하는가로 판단한다.)
6) 계절별 별자리의 일등성 중 북쪽으로 가장 치우친 곳으로 지는 별 또는 남쪽으로 가장 치우친 곳으로 지는 별.
   (서쪽 지평선을 바라보고 서 있을 때 왼쪽(남쪽 방향)으로 치우친 곳에 있는가 또는 오른쪽(북쪽 방향)으로 치우친 곳에 있는가로 판단한다.)

계절별 별자리에서 기준이 되는 별을 하나씩만 알고 있어도 별 찾기가 훨씬 수월하다. 계절별 별자리에서 어떤 별이 기준이 될 수 있을까? 별을 찾기 위해 기준 별을 정하는 것이므로 각 계절별 별자리에서 가장 찾기 쉬운 별을 기준 별로 정하고 찾아야 한다. 그럼 각 계절별 별자리에서 어떤 별이 가장 찾기 쉬울까? 서울 하늘에서도 쉽게 찾을 수 있어야 하니 일등성이어야 한다. 그리고 다른 별들과 쉽게 구분할 수 있는 특징이 있으면 좋겠다.

먼저 여름철 별자리 중 기준 별을 찾아보자. 여름철 별자리에는 일등성이 4개가 있기 때문에 이 별들 중 하나가 기준 별이 될 수 있다. 어떤 별이 가장 찾기 쉬울까를 비교해 보면 당연히 직녀성이다. 직녀성은 여름철 별자리 중 가장 밝은 별이고, 가장 먼저 뜨는 별이며 천정 근처를 지나기 때문에, 여름철 대삼각형을 이루는 별 중에서 쉽게 직녀성을 찾아 확인할 수 있다.

계절별 기준 별자리 찾는 방법

★
직녀성(거문고자리의 알파성, 베가)
여름철 별자리의 기준 별

밤하늘에서 가장 찾기 쉬운 별 중 하나다. 직녀성과 관련된 두 가지의 사실만 알아도 한여름 밤에 누구나 쉽게 찾아서 이 별이 직녀성인지를 확인할 수 있다. 즉, 여름철 별자리에서 가장 밝은 별이고, 천정 근처를 지나가는 유일한 일등성이라는 사실이다. 한여름 밤에 고개를 들어 천정을 바라봤을 때 아주 밝게 빛나는 별이 바로 직녀성이다.

직녀성은 우리나라에서 보이는 16개의 일등성 중 세 번째로 밝은 별이며, 여름철 별자리에서 볼 수 있는 일등성 4개 중 가장 먼저 뜨는 별이다. 그렇다고 서쪽으로 질 때 직녀성이 여름철 일등성 중 가장 먼저 지는 것은 아니다. 질 때는 견우성보다도 늦게 지기 때문에 여름철 일등성 중 세 번째로 늦게 진다.

직녀성이 견우성보다 3시간이나 먼저 떠 있어도 견우성보다 약 1시간이나 늦게 진다. 그 이유는 별마다 하늘에 떠 있는 시간이 다르기 때문이다. 직녀성은 하늘에 17시간이나 떠 있지만 견우성은 약 13시간 하늘에 떠 있다.

직녀성은 적위 값이 38.5도로 정동쪽에서 북쪽으로 38.5도 치우친 곳에서 뜨며, 질 때는 정서쪽에서 북쪽으로 38.5도 치우친 곳으로 진다. 직녀성은 하늘에 17시간이나 떠 있기 때문에 보이는 시각이 다를 뿐 1년 내내 관측이 가능하다. 심지어 하룻밤에 두 번 보이는 날도 있다. 예를 들어 12월 25일에는 저녁 7시에 서쪽 하늘에서 보이고, 다음 날 새벽 6시에는 다시 동쪽 하늘에서 뜨는 것을 볼 수 있다. 직녀성이 관측될 때는 직녀성을 먼저 확인하고 후에 직녀성과의 상대 위치를 비교해 다른 일등성들을 하나씩 찾으면 된다.

직녀성은 독수리자리의 견우성과 백조자리의 데네브와 함께 하늘에서 삼각형의 모양을 이루는데 이것을 여름철 대삼각형이라고 부른다. 이 삼각형이 동쪽에서 떠오를 때는 지평선에서 가장 먼 꼭짓점을 구성하는 별이 직녀성이고, 하늘의 중앙에 위치할 때는 천정에 가장 가깝거나 서쪽 하늘로 가장 많이 이동한 별이 직녀성이다. 여름철 대삼각형이 서쪽 하늘로 지려고 할 때는 견우성과 직녀성이 지평선 위에 거의 나란하게 배치되는데, 이때는 오른쪽(북쪽)에 위치한 별이 직녀성이다.

겨울철 별자리 ←————→ 가을철 별자리

서쪽

⭐ 카펠라(마차부자리의 알파성)
겨울철 별자리의 기준 별 하나!

겨울철 별자리 중 가장 먼저 뜨는 일등성이고 우리나라에서 볼 수 있는 16개의 일등성 중 가장 북쪽에서 뜨는 별이다. 가을철 별자리에는 북쪽 하늘에 밝은 일등성이 하나도 없기 때문에, 카펠라가 북동쪽 하늘에 나타났을 때 유난히 밝게 빛나는 이 별의 정체를 쉽게 확인할 수 있다.

　겨울철 별자리에는 8개의 일등성이 자리잡고 있기 때문에 겨울 밤하늘에는 별이 더 많이 보이는 느낌까지 든다. 8개의 일등성 중 천정 너머 북쪽 하늘을 지나는 유일한 일등성이 카펠라다. 그러니 이 별이 겨울철 별자리에서 가장 찾기 쉽고 기준 별이 될 수 있다.

　카펠라는 하늘에 떠 있는 시간이 19시간이나 돼 직녀성보다도 더 오랫동안 관측할 수 있다. 16개의 일등성 중 하늘에 가장 오래 떠 있는 별이다. 카펠라가 겨울철 별자리에서 보이는 일등성 중 가장 먼저 동쪽 지평선 위로 떠올랐지만 질 때는 끝까지 서쪽 하늘에 남아 기준 별 역할을 한다. 겨울철 8개의 일등성 중 카펠라보다 늦게 지는 별은 쌍둥이자리의 카스토르와 폴룩스뿐이다.

★ 시리우스(큰개자리의 알파성)
겨울철 별자리의 기준 별 둘!

겨울철 별자리가 밤하늘에 모두 모습을 드러내고 나면, 남쪽 하늘에서 유난히 밝게 빛나는 별이 있다. 큰개자리의 알파성 시리우스다. 시리우스는 겨울철 별자리뿐만 아니라 밤하늘 전체에서 가장 밝은 별이기 때문에 일등성이 많은 겨울철 별자리 중에서도 이 별을 구분할 수 있다. 시리우스는 동쪽 지평선에 모습을 드러낼 때 가장 오른쪽(남쪽) 방향에서 뜨고, 서쪽으로 질 때는 가장 왼쪽(남쪽) 방향으로 사라져 간다. 겨울철 별자리가 남쪽 방향에 위치할 때는 남쪽 지평선 바로 위, 즉 가장 낮은 고도에서 빛나고 있다.

아르크투루스(목동자리의 알파성)
봄철 별자리의 기준 별

봄철 별자리 중 가장 밝은 별, 봄철 별자리의 일등성 중 가장 북쪽에서 뜨고 가장 북쪽으로 지는 별, 봄철 별자리의 일등성 중 가장 늦게 뜨는 별, 봄철 별자리의 일등성 중 가장 늦게 지는 별, 봄철 별자리의 일등성 중 천정에 가장 가까이 접근하는 별이 바로 목동자리의 알파성 아르크투루스다.

아르크투루스는 밤하늘 전체에서는 시리우스 다음으로 밝은 별이지만 북쪽 하늘에서는 가장 밝은 별이다. 즉 북쪽 하늘에서 보이는 별 중에는 가장 밝은 별이고, 같은 봄철 별자리의 일등성인 사자자리의 레굴루스보다는 3.5배 이상 밝다. 따라서 봄철 별자리가 모두 하늘에 모습을 드러내는 때부터는 봄철의 기준 별인 이 아르크투루스를 찾은 후 다른 별을 찾으면 된다.

포말하우트
(남쪽물고기자리의 알파성)
가을철 별자리의 기준 별 하나!

가을철 별자리 중 가장 밝은 별이면서 유일한 일등성이다. 16개의 일등성 중 가장 남쪽에 위치하기 때문에 하늘에 떠 있는 시각이 5.3시간밖에 되지 않는다. 이 별이 남쪽 하늘 근처까지 움직였을 때 밝기만으로 쉽게 구분할 수 있다. 주변에 밝은 별이 하나도 없기 때문이다.

알페라츠
(안드로메다자리의 알파성)
가을철 별자리의 기준 별 둘!!

이 별은 안드로메다자리의 알파성이지만 페가수스자리를 상징하는 사각형의 한 꼭짓점을 차지하는 별이기도 하다. 이등성이지만 가을철 별자리를 찾는 데 가장 중요한 기준 별이다. 왜냐하면 가을철 별자리의 중심부에는 일등성이 없고, 유일한 일등성인 포말하우트는 남쪽 하늘에 치우쳐 있기 때문이다. 가을철 별자리의 중앙에 위치하고 있고 주변 별 중에 그나마 가장 밝기 때문에 눈에 쉽게 띈다. 정동쪽에서 북쪽으로 약 30도 떨어진 곳에서 뜨며 하늘 높이 올랐을 때 천정에서 8도밖에 떨어져 있지 않기 때문에 머리 바로 위에서 쉽게 찾을 수 있다. 여름철 별자리의 끝자락인 백조자리의 일등성 데네브로부터 45도가량 동쪽으로 시선을 돌리면 알페라츠를 찾을 수 있다.

목성

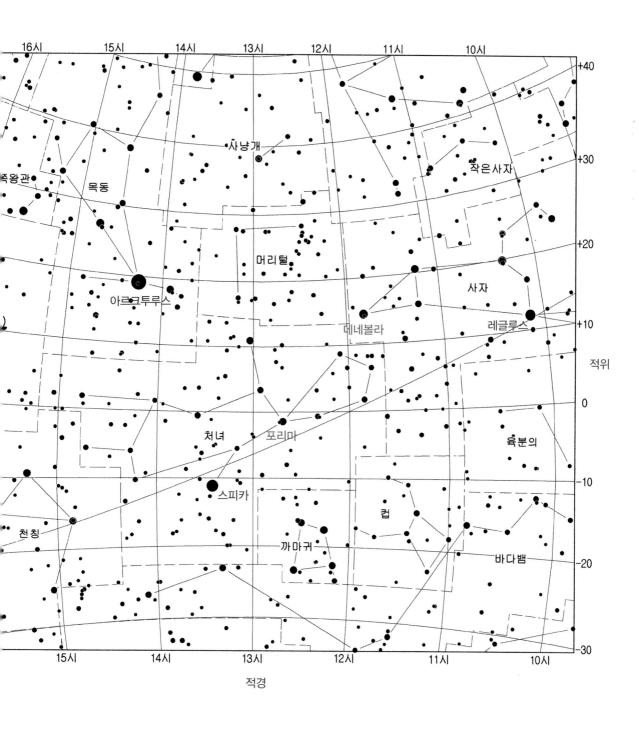

별의 등급
● 0　● 3　• 6
● 1　• 4　• 7
● 2　• 5　• 8

봄철 별자리

미스터 갈릴레이의 별별 이야기

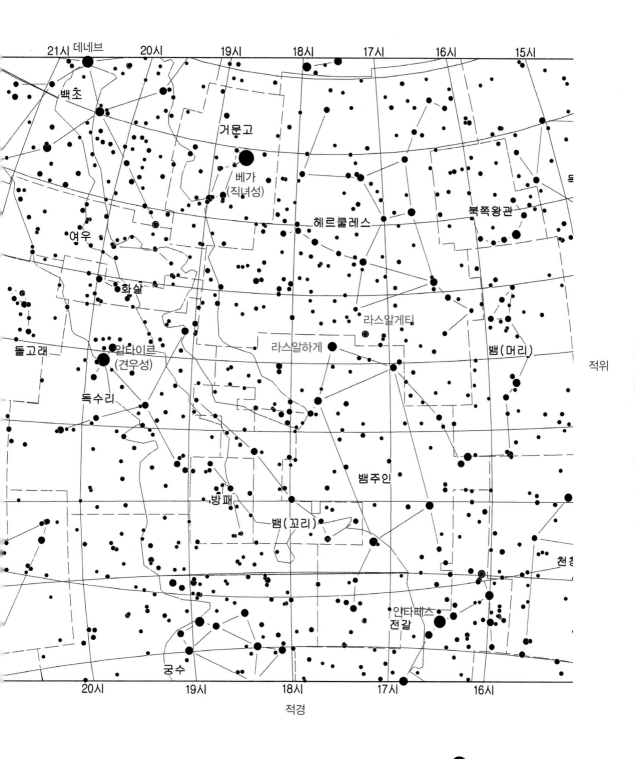

별의 등급 ● 0 ● 3 · 6
● 1 · 4 · 7
● 2 · 5 · 8

여름철 별자리

토성

목성

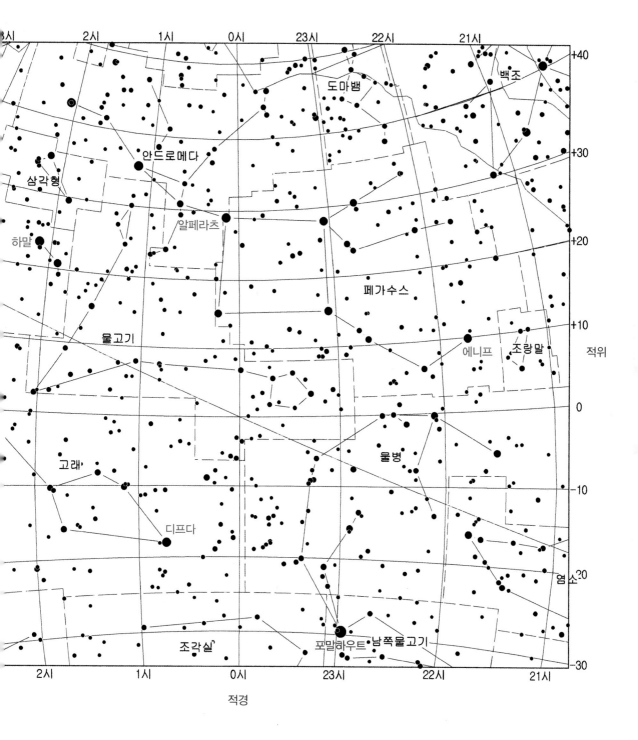

가을철 별자리

별의 등급
- ● 0
- ● 3
- · 6
- ● 1
- ● 4
- · 7
- ● 2
- · 5
- · 8

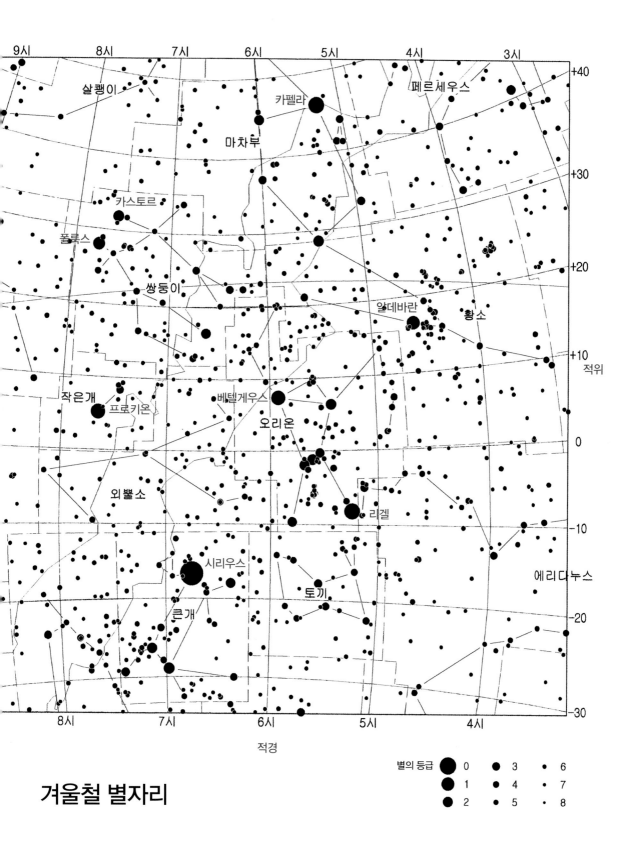

9시　8시　7시　6시　5시　4시　3시

+40

살쾡이
페르세우스
카펠라
+30
마차부

카스토르
+20
폴룩스
쌍둥이
알데바란
황소 +10
적위

작은개
베텔게우스
프로키온 오리온 0

외뿔소
리겔 -10
에리다누스

시리우스
토끼 -20
큰개

-30

8시　7시　6시　5시　4시

적경

별의 등급 ● 0　● 3　· 6
● 1　· 4　· 7
● 2　· 5　· 8

겨울철 별자리

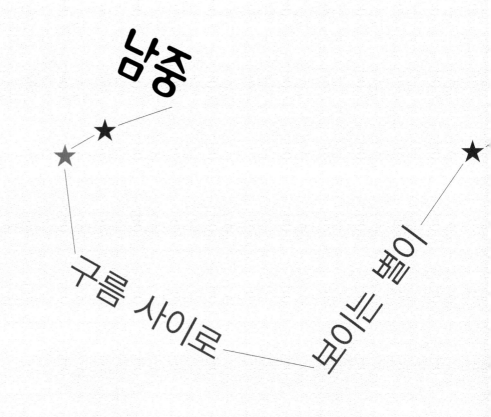

어떤 별인지 ★ 어떻게 알 수 있을까?

4

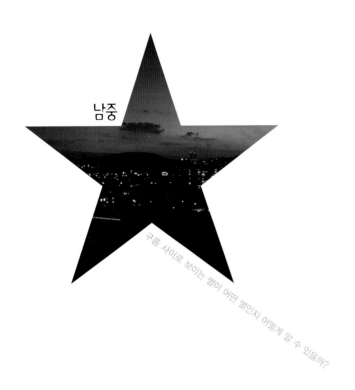

남중

구름 사이로 보이는 별이 어떤 별인지 어떻게 알 수 있을까?

태양은 어디서 뜨고 언제 남중할까?

태양은 춘분날과 추분날 정동쪽에서 뜨고 정서쪽으로 진다. 하짓날은 정동쪽보다 북쪽으로 23.5도 치우친 곳에서 뜨고, 정서쪽보다 23.5도 북쪽으로 치우친 곳으로 진다. 동짓날은 정동쪽보다 남쪽으로 23.5도 치우친 곳에서 뜨고, 정서쪽보다 남쪽으로 23.5도 치우친 곳으로 진다. 이것은 계절마다 바뀌는 태양의 적위 값으로부터 알 수 있다. 태양의 적위 값으로부터 남중고도에도 많은 차이가 있음을 알 수 있다. 하짓날 태양의 남중고도는 춘분이나 추분에 비해서는 23.5도가 더 높고, 동짓날에 비해서는 47도가 더 높다.

태양은 계절에 따라 뜨고 지는 위치와 시각이 달라진다. 그러나 태양이 남중하는 시각은 매일 정오 무렵으로 비슷하다. 태양을 기준으로 시각을 정하는 태양시를 사용하기 때문이다. 즉 우리가 현재 사용하는 시계의 시각은 태양이 남중하는 시각을 12시라고 정의한 것이다. 따라

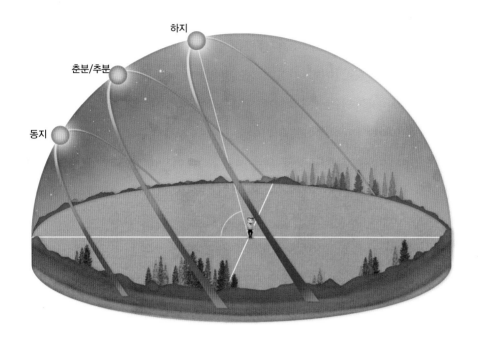

날짜	적위	적경
춘분(3월 21일경)의 태양	0도	0h
하지(6월 21일경)의 태양	+23.5도	6h
추분(9월 23일경)의 태양	0도	12h
동지(12월 22일경)의 태양	−23.5도	18h

태양의 남중고도 변화. 서울에서 하지에 태양의 고도는 76도(남중 시)까지 높아지지만, 동지에는 최고(남중) 고도가 29도밖에 되지 않는다.

★우리나라는 왜 12시 정각에 태양이 남중하지 않을까?★

하루는 태양이 정남쪽에 와서(남중) 다시 정남쪽으로 올 때까지의 시간이고, 한 달은 달이 차고 이지러지는 시간이며, 일 년은 태양이 황도 상의 한 지점에서 다시 그 지점까지 돌아올 때까지의 시간이다.

태양은 동쪽에서 뜨기 때문에 동쪽 지역일수록 해 뜨는 시각이 빠르다. 울릉도보다 서쪽에 위치한 중국의 베이징은 해 뜨는 시각이 늦어서 대략 1시간의 차이를 보인다. 만약 중국과 우리나라가 동일한 시간 체계를 사용한다면, 베이징과 울릉도에 사는 사람들에게 하루가 시작되고 끝나는 시각에 1시간의 차이가 발생한다. 이런 차이를 없애기 위해 각 나라마다 서로 다른 시간 체계(지방 표준시)를 사용한다.

모든 지방에서 서로 다른 시각을 사용한다면 불편하므로 특정 지방의 표준 경도선을 선택해 이를 일정 범위의 지역에 적용하는 시간 체계인 표준시를 정했다. 이 범위 내에서는 공통의 표준시를 사용하기 때문에 같은 시간대를 이루고 있다. 미국, 캐나다, 러시아와 같이 국토가 동서 방향으로 연장된 국가에서는 여러 개의 표준시를 사용하고 있다.

우리나라는 현재 동경 135도의 지방 평균시를 표준시로 채택하고 있지만, 우리나라의 중심 경도는 대략 동경 127.5도 근처기 때문에, 동경 135도 지역보다 약 30분 늦게 태양이 뜬다. 따라서 우리나라에서는 낮 12시에 태양이 남중하지 않고 30분 늦은 시각인 12시 30분을 전후해 남중한다.

서 태양이 구름 속으로 숨어서 보이지 않더라도 12시가 되면 태양은 정남쪽의 어떤 고도에 위치할 것이라고 생각할 수 있다.

태양은 24시간 동안 지구를 한 바퀴 도는 것처럼 관측되므로 6시간에 하늘의 반(90도)을 이동한다. 춘분날 12시 무렵에 태양이 자오선 근처에 있다면 15시경에는 자오선과 서쪽 지평선의 중간 지점에 태양이 위치하고, 18시가 넘으면 서쪽 지평선으로 넘어갈 것이다. 이처럼 태양시를 알고 있으면 태양의 위치를 짐작할 수 있다.

그렇다면 별의 위치를 짐작할 수 있는 시각은 없을까?

별은 언제 남중할까?

별은 태양과 달리 남중하는 시각이 매일 달라진다. 별의 남중 시각은 매일 약 4분씩 빨라진다. 예를 들어 직녀성은 8월 8일 밤 10시에 남중하지만, 날짜가 지나면서 남중 시각도 4분씩 빨라지기 때문에 8월 18일에는 밤 9시 20분에 남중한다. 이보다 앞서 6월 8일에는 새벽 2시가 되어서야 직녀성이 남중한다.

직녀성은 남중했을 때 천정 근처에서 보이는 가장 밝은 천체로 언제 남중하는지를 알면 쉽게 찾을 수 있다. 직녀성은 6월 8일에는 새벽 2시, 7월 8일에는 밤 12시, 8월 8일에는 밤 10시에 천정 부근에서 가장 밝게 빛나는 별이다. 이때 구름이 많아서 다른 별들이 보이지 않더라도 천정 근처에서 밝은 일등성이 보이면 이것이 직녀성이라는 것을 알 수 있다.

내가 찾는 별이 언제 남중하는지, 지금 남중한 별이 어떤 별인지를 알 수 있는 방법은 없을까? 태양시를 통해 태양의 위치를 예측할 수 있듯이, 별의 위치를 예측할 수 있는 기준시가 있다. 바로 항성시다. 항성시를 알면 별이 언제 남중하는지 쉽게 알 수 있다. 왜냐하면 항성시는 남중한 별의 적경 값과 일치하기 때문이다.

즉, 지금 항성시가 18시 36분이라면 적경 값이 18시 36분(18h 36m)인 직녀성이 남중해 천정에 있는 것이다. 그러므로 관측하는 시점의 항성시를 알 수 있다면 내가 찾으려는 별이 어디 있는지를 쉽게 예측할 수 있다. 예를 들어 관측 시점의 항성시가 19시 50분쯤이라면 적경 값이 19시 50분인 견우성이 남중해 자오선 상에 위치할 것이고, 항성시가 20시 41분이라면 백조자리의 데네브가 남중해 천정에서 멀지 않은 곳에 떠 있을 것이다.

항성시를 이용해 별을 찾을 줄 안다면 내가 찾으려는 별이 어느 계절의 별자리인지, 지금 어느 계절의 별자리가 남쪽 또는 서쪽 하늘에 있는지 고민하지 않아도 된다. 관측 시점의 항성시와 내가 찾고자 하는 별의 적경 값만 알고 있으면 된다. 계절 또는 관측 시각에 상관없이 내가 관측하는 시점의 항성시가 18시 36분이라면 적경 값이 18h 36m인 직녀성이 천정에서 빛나고 있을 것이다. 다시 말해 항성시로 18시 36분에 천정에서 밝게 빛나는 일등성은 무조건 직녀성이라는 이야기다.

이것만은 꼭! ★ 어떤 별의 적경 값이 항성시와 일치할 때 이 별이 남중하고, 남중한 별이 적경 값은 항성시와 일치한다, 항성시를 알면 어떤 별이 남중해 있을지를 알 수 있다.

항성시를 알면 내가 찾는 별의 위치를 예측할 수 있을까?

남점(정남쪽 지평선)에서 시작해 천정을 지나 북점(정북쪽 지평선)에 이르는 하늘의 큰 반원을 자오선이라 하고, 어떤 천체가 이 자오선 상에 위치할 때를 남중이라 한다. 항성시가 남중한 별의 적경 값과 일치하므로 관측 시점의 항성시를 알고 있다면, 이때 어떤 별이 남중해서 자오선에 있는지를 알 수 있다.

모든 천체는 한 시간에 15도씩 동쪽에서 서쪽으로 이동한다. 어떤 별이 남중한 시각 이후 1시간이 지났다면 자오선에서 서쪽으로 15도만큼 이동했을 것이고, 또 다른 별의 적경 값이 항성시보다 1시간이 느리다면, 이 별은 자오선에서 동쪽으로 15도 떨어진 곳에 있을 것이다.

예를 들어 적경 값이 각각 15h, 16h, 17h인 별 A, B, C가 있다고 가정해 보자. 관측 시점의 항성시가 16시라면 B별(적경 16h)은 자오선 상에 위치하고, A별(적경 15h)은 자오선에서 서쪽으로 15도 떨어진 곳에 위치하며, C별(적경 17h)은 자오선에서 동쪽으로 15도 떨어진 곳에 위치하는 것이다.

즉 관측 시점의 항성시와 별들의 적경 값을 알고 있다면, 이 두 값을 비교함으로써 내가 찾고자 하는 별이 자오선을 지나 서쪽 하늘로 이동했는지 아직 동쪽 하늘에 있는지를 알 수 있는 것이다. 항성시와 적경 값의 1h 차이가 각도로는 15도 차이라는 사실을 이용해 대략적인 별의 위치까지 예측할 수 있다. 예를 들어 항성시가 15시일 때 적경 값이 13h인 별은 2시간 전에 남중했으므로 이때는 자오선에서 서쪽으로 30도 이동한 곳에 위치하게 된다.

춘분이나 추분에 태양이 하늘에 약 12시간 떠 있기 때문에 낮과 밤의 길이가 같고 대략 아침 6시경에 태양이 떠서 저녁 6시경에 지는 것을 알 수 있다. 즉 태양이 남중하기 약 6시간 전에 뜨고, 남중한 후 약 6시간 후에 서쪽으로 지는 것이다. 이와 마찬가지로 천구의 적도 상에 위치하는 별(적위 값이 0도 부근)의 경우는 하늘에 약 12시간 떠 있기 때문에, 항성시를 이용해 이 별이 언제 뜨고 지는지도 알 수 있다. 이런 별은 남중하기 6시간 전에 동쪽 지평선 위에서 떠오르고 남중한 후 6시간이 지나기 바로 전에 서쪽 지평선 위로 진다.

관측 시점의 항성시가 17시라면 이때 정동쪽 지평선 위에는 적경 값이 23h(17h +6h)인 별이 떠오르고 있을 것이며, 적경 값이 11h(17h−6h)인 별이 정서쪽 지평선에 걸쳐 있을 것이다. 천구의 적도 상에 위치하는 대표적인 별자리로는 오리온자리가 있다. 오리온자리의 중앙

←— 정남쪽

항성시가 6시 30분일 때 남쪽 하늘의 모습. 큰개자리의 시리우스(적경: 6h 45m)는 남중 직전이고, 오리온자리의 베텔게우스
(적경: 5h 55m)는 이미 정남쪽을 지나 서쪽 하늘로 진입했다. 작은개자리의 프로키온(적경: 7h 39m)은 약 1시간 후에 정남쪽
에 위치한다.

에 위치한 삼태성의 경우 적위 값이 거의 0도이고 적경 값은 대략 5h 30m이다. 어느 날 밤하늘을 쳐다봤을 때 마침 항성시가 0시라면, 이때 정동쪽 하늘에 오리온자리가 떠오르고 있다는 것이다. 항성시가 11시라면 오리온자리가 정서쪽 지평선 바로 위에 떠 있을 것이다.

별의 적경 값은 인터넷이나 성도 등에서 찾아보면 확인할 수 있다. 한국천문연구원에서 발행하는 역서를 참조하면 별에 관한 상세한 좌표를 확인할 수 있다. 하늘의 모양을 외워 별을 찾으려 하지 말고 관측 시점의 항성시를 구하고 별의 좌표를 이용해 별을 찾아보자.

밝은 별 하나만 보여도
그 별이 무슨 별인지 추측할 수 있을까?

구름 사이로 보이는 별이 아주 밝다면 일등성일 것이다. 우리나라에서 보이는 일등성은 16개뿐이다. 따라서 이 일등성들의 적위 값과 적경 값 그리고 관측시점의 항성시를 알고 있다면, 구름 사이로 일등성이 하나만 보여도 이 별이 무슨 별인지 추측할 수 있다.

먼저 구름 사이로 보이는 별이 서쪽 지평선 위에 있는 경우를 가정해 보자. 별이 서쪽으로 질 때 약 38도의 각으로 지기 때문에 관측하고 있는 별로부터 지평선까지 사선을 그어서, 이 별이 정서쪽을 기준으로 왼쪽(남쪽 방향)으로 질지 오른쪽(북쪽)으로 질지를 예측한다. 물론 정서쪽에서 북쪽이나 남쪽으로 대략 몇 도쯤 떨어진 곳으로 질까를 측정하면 더욱 좋지만 그렇게 정확하지 않아도 상관없다. 어쨌든 정서쪽보다 왼쪽(남쪽 방향)으로 질 것이라고 판단했다고 생각해 보자.

천체가 지는 위치는 적위 값에 의해 결정된다. 적위 값이 마이너스일 때 정서쪽보다 남쪽으로 치우친 곳으로 진다. 그러므로 16개의 일등성 중 정서쪽보다 남쪽으로 지는 별은 시리우스(−16도), 리겔(−8도),

구름 사이로 밝은 별(일등성) 하나만 보이더라고 항성시를 이용하면 어떤 별인지 추측할 수 있다.

포말하우트(-29도), 안타레스(-26도), 스피카(-11도) 등 5개뿐이다.

그리고 이때의 항성시가 약 19시 30분경이라면 적경 값에 따라 별이 어디에 위치하는지 예측할 수 있다. 적경 값이 19h 30m인 별이 관측 시점에 자오선(정남쪽 방향) 상에 위치하는 것이므로, 이 별보다 적경 값이 작은 별은 이미 서쪽 하늘로 이동해 있을 것이고, 적경 값이 19시 30분보다 큰 별들은 아직 동쪽 하늘에 있을 것이다.

적경 값이 22h 57m인 포말하우트는 자오선보다 동쪽으로 약 52도 떨어진 곳에 있어야 하고, 적경 값이 16h 29m인 안타레스는 자오선보다 서쪽으로 약 45도 떨어져 있게 되므로 서쪽 지평선 위에서 관측될 것이다. 항성시와 적경 값에서 너무 많은 차이를 보이는 리겔(5h 14m), 시리우스(6h 44m), 스피카(13h 24m)는 이때 하늘에 떠 있을 수 없다. 그러므로 항성시가 19시 30분일 때 남서쪽 지평선 위에서 관측될 수 있는 일등성으로는 안타레스가 유일하다. 구름 사이로 밝은 별이 하나밖에 보이지 않지만 이 별이 안타레스라는 것을 알 수 있다.

구름 사이로 보이는 밝은 별이 동쪽 지평선 위에 있는 경우도 비슷한 방법으로 이 별이 어떤 별인지 추측할 수 있다. 동쪽 지평선 위에 떠 있는 별이 정동쪽보다 남쪽으로 치우친 곳에서 떴는가, 정동쪽보다 북쪽으로 치우친 곳에서 떴는가를 기준으로 일등성을 일차적으로 분류한 후, 항성시를 기준으로 어떤 별이 자오선에서 동쪽 방향으로 몇 도쯤 떨어져 있을지를 예측하면 된다.

예를 들어 정동쪽보다 남쪽 방향에서 뜬 별로 추정되고, 항성시가 2시였는데 이 별이 자오선으로부터 동쪽 방향으로 약 45도쯤 떨어진 곳에 위치하고 있었다고 가정해 보자. 그러면 이 별의 적경 값은 대략 5h 근처여야 한다. 왜냐하면 15도가 1h의 차이기 때문에 45도면 3h의 차이가 되는 것이다. 앞서 정동쪽에서 남쪽 방향으로 떨어진 곳에서 뜨는 별로는 5개의 일등성이 있다는 사실을 알았다. 이 5개의 일등성 중 적경 값이 5h와 비슷한 별로는 오리온자리의 리겔(5h 14m)이 유일하다.

물론 마차부자리의 일등성 카펠라의 적경 값도 5h 16m으로 리겔과 비슷한 값을 보이지만, 카펠라는 적위 값이 +46도로 정동쪽보다 한참 북쪽으로 떨어진 곳에 떠 있게 되므로 남동쪽의 하늘에서 보이는 별이 아님을 쉽게 짐작할 수 있다.

지평선 위가 아니라 하늘의 중앙에 구름 사이로 홀로 떠 있는 일등성의 경우 이 별이 어떤 별인지를 어떻게 확인할 수 있는지 알아보자. 이 별이 자오선보다 동쪽으로 대략 몇 도쯤 떨어져 있는지, 또는 자오선보다 서쪽으로 대략 몇 도쯤 떨어져 있는지를 어림한 후, 이때의 항성시와 비교한다. 예를 들어 이 별이 자오선에서 동쪽으로 대략 약 15도쯤 떨어져 있는데 항성시는 4시라고 가정해 보자. 그러면 이 별의 적경 값은 대략 5h 근처일 것이다. 16개의 일등성 중 적경 값이 5h 근처인 별은 카펠라(5h 16m), 리겔(5h 14m)이므로 이 두 별 중 하나가 구름 사이로 보이는 밝은 일등성의 주인공일 것이다. 그런데 카펠라는 적위 값이 +46도쯤으로 북쪽 하늘에 위치하고, 리겔은 적위 값이 −8도12분으로 남쪽으로 많이 치우친 곳을 지나간다. 따라서 하늘의 중앙에 구름 사이로 보이는 별은 천정 근처에 있다면 카펠라일 것이다.

항성시는 계절에 상관없이 내가 찾으려는 별이 자오선으로부터 동쪽이나 서쪽으로 몇 도 떨어져 있는지를 알려주기 때문에 별을 찾는 데 유용하게 활용될 수 있다. 문제는 항성시를 알아내는 방법이다.

항성시를 가장 쉽게 알 수 있는 방법은 무엇일까?

실시간으로 항성시를 알 수 있는 가장 쉬운 방법은 스마트폰을 이용하는 것이다. 스마트폰에서 Sidereal Time(항성시)이나 Sidereal Clock(항성 시계)이라는 애플리케이션을 내려받은 후, 내가 위치한 경

지방 항성시

관측지의 경도

도를 입력하면 실시간으로 항성시를 알 수 있다. Longitude가 자기가 위치한 곳의 경도인데, 경도를 알고 있다면 직접 입력해도 되고 스마트폰의 위치 정보를 이용하면 자동으로 관측자가 위치한 곳의 경도 값이 입력된다. 관측자의 경도 값 입력이 완료되었을 때 나타나는 Local Apparent Sidereal Time이 바로 자기가 위치한 곳의 지방 항성시인 것이다. 스마트폰에서 표시해 주는 항성시 값은 실시간으로 업데이트된다. 이 시간 값과 적경 값이 같은 별이 현재 하늘에 남중해 있다.

스마트폰이 없어도 항성시를 쉽게 알 수 있는 방법이 있다. 항성시를 쉽게 계산할 수 있도록 도와주는 웹 사이트가 있기 때문이다. 항성시를 계산할 수 있는 웹 사이트로 대표적인 곳이 미국 해군에서 운영하는 웹사이트는 http://tycho.usno.navy.mil/sidereal.html이다. 이 사이트에 접속한 후 관측자가 위치한 곳의 경도를 입력한 후 Compute(계산)를 클릭하면 현재의 항성시를 표시해 준다.

웹 사이트에서 항성시를 계산할 수 있지만 이렇게 계산된 항성시는 실시간으로 업데이트되지 않는다. 관측 시점에 다시 계산해야 한다. 그런데 관측 시점에 웹 사이트에 접속할 수 없다면 어떻게 해야 할까? 관측 날짜의 '항시차 계수'를 구한 후 태양시(자신의 시계가 나타내는 시각)에 이 항시차 계수를 더해서 항성시를 실시간으로 구할 수 있다.

항시차 계수는 특정 시점의 항성시에서 태양시를 뺀 값으로 정의한다. 예를 들어 어느 날 오후 3시에 웹 사이트에서 항성시를 계산해서 19시가 나왔다고 가정해 보자. 그러면 항시차 계수는 항성시인 19시에서 태양시인 15시를 빼주면 되므로, 그 값은 4시(4h)가 된다. 즉 이 날

이것만은 꼭! ★ http://tycho.usno.navy.mil/sidereal.html에 접속해 관측지의 경도(longitude)를 입력한 후 계산(compute)을 누르면 항성시가 계산된다. 그리고 다음 식에 따라 그날의 항시차 계수를 알 수 있다. 항시차 계수=항성시-태양시(분인 시계의 시각)

의 항시차 계수는 4h가 되는 것이다. 항시차 계수는 매일 약 4분씩 바뀌니까 하루 동안의 변화는 무시하자. 그러면 이날 밤 별을 볼 때 항성시는 태양시에 이날의 항시차 계수를 더해주기만 하면 된다. 예를 들어 이날 밤 22시에 별을 보고 있다면 이때의 항성시는 2h(22h+4h)가 된다. 이날 밤 새벽 3시에 별을 보고 있다면 이때의 항성시는 7h(3h+4h)가 되는 방식이다.

그러므로 웹 사이트에서 항성시를 계산한 후, 자신의 시계가 나타낸 시각(태양시)을 이용해 대략의 항시차 계수를 계산해서 알고 있으면, 그날 밤 실시간으로 대략의 항성시를 예측할 수 있는 것이다.

추분엔 왜 '별 찾기가 누워서 떡 먹기'라고 할까?

추분은 9월 22일 전후의 날짜인데 태양이 정동쪽에서 떠서 정서쪽으로 지는 날이다. 이날 저녁 8시쯤 정남쪽 하늘을 보면 독수리자리의 견우성이 거의 남중해 있다. 적경 값이 19h 50m인 견우성이 남중해 있으므로 이때의 항성시(남중한 별의 적경)는 약 19시 50분이다. 그런데 저녁 8시면 태양시(우리가 사용하는 시계)로는 20시다. 즉 항성시와 태양시가 거의 일치하는 것이다.

실제로 이날 저녁 11시(태양시 23시)가 되면 남쪽 하늘에는 남쪽물고기자리의 포말하우트(적경 값 22h 57m)가 거의 남중해 있다. 항성시가 22시 57분 근처인 것이다. 즉 추분에는 남쪽물고기자리의 포말하우트가 남중할 때도 항성시와 태양시가 거의 일치하는 것이다. 그렇다. 추분은 태양시와 항성시가 일치하는 날이다. 그러므로 우리가 일반적으로 사용하는 시계의 시각을 통해 곧바로 항성시를 알 수 있다.

추분은 관측하는 때의 시각만 알면 이것이 항성시와 일치하므로, 어떤 별이 남중해 있고 어떤 별이 남쪽을 지나 서쪽 하늘로 몇 도쯤 이동

백조자리의 데네브. 적경 값이 20h 41m인 데네브는 계절에 상관없이 항성시로 21시 41분이 되면 천정 근처에 남중해 있다. 그러므로 별이 전혀 보이지 않는 낮이라고 해도 항성시를 이용해 데네브가 언제 천정 근처를 지나는지 예측할 수 있다.

했는지 쉽게 알 수 있다. 그래서 추분은 별 찾기가 누워서 떡 먹기처럼 쉽다고 할 수 있다. 예를 들어 추분날 초저녁 8시경에 고개를 들어 천정 근처의 하늘을 보면 세 개의 밝은 별이 빛나고 있다. 그런데 이때의 항성시가 20시(태양시와 일치)라는 것이므로, 적경 값이 19시 근처인 직녀성은 자오선에서 서쪽 방향으로 15도 쯤 떨어진 곳에서 빛나고 있고, 적경 값이 20h 근처인 견우성은 자오선 상에 위치하고, 백조자리의 데네브는 적경 값이 20h 41m이므로 자오선보다 동쪽으로 약 10도 쯤 떨어진 곳에서 빛나고 있게 된다.

그러면 동지, 춘분, 하지의 경우에는 항성시와 태양시 사이에 어떤 관계가 있을까? 동지(12월 22일경)에는 항성시가 태양시보다 6시간 빠르고, 춘분에는 항성시가 태양시보다 12시간 빠르다. 예를 들어 동지인 12월 22일 저녁 7시(태양시로 19시)에 항성시로는 1h(19h+6h=25h=1h)라는 뜻이고, 3월 21일 근처인 춘분에는 초저녁 7시(19시)에 항성시로는 7h(19h+12h=31h=7h)라는 이야기다. 하지는 항성시가 태양시보다 6시간 느리다. 예를 들어 6월 21일경에는 태양시로 19시(저녁 7시)에 항성시로는 13시라는 뜻이다.

망망대해의 위치를 어떻게 알 수 있을까?

여기서 위치란 위도와 경도를 의미한다. 내가 살고 있는 곳에서 출발할 때 달력, 시계, 나침반을 배에 실었기 때문에 날짜와 방위(동, 서, 남, 북)는 알 수 있다. 내가 차고 있는 시계가 가리키는 시각은 경도가 바뀔 경우 맞지 않지만, 출발한 곳의 시각은 알려주므로 참고가 될 수 있다.

관측 시점에 별이 보이고 이 별의 적도 좌표값(적위와 적경) 자료가 있다면, 남중한 별의 남중고도와 항성시를 이용해, 내가 탄 배가 어디쯤을 항해하고 있는지를 계산할 수 있다. 예를 들어 9월 22일(추분) 밤에 태평양의 어디쯤을 항해하고 있는 경우를 생각해 보자. 우선 남쪽 물고기자리의 포말하우트(적경 22h 57m, 적위 −29.7도)가 남중하는 때를 기다려, 포말하우트의 남중고도를 측정하고, 이때의 시각을 기록한다. 포말하우트의 남중고도가 약 30도였고, 이때의 시각이 23시 57분이었다고 가정해 보자. '천체의 남중고도=(90−관측자의 위도)+천체의 적위'라는 계산식으로부터 30도(남중고도)=(90−관측자의 위도)+(−29.7도)(별의 적위 값)이므로 관측자의 위도가 대략 북위 30도라는 것을 알 수 있다.

추분은 항성시와 태양시가 일치하는 날이다. 포말하우트가 남중했을 때 항성시가 22시 57분이므로 태양시도 22시 57분이다. 그런데 부산에서 출발한 관측자가 갖고 있던 시계로는 23시 57분이다. 즉 배가 위치한 곳에서의 시간과 부산의 시간 사이에 1시간의 차이가 발생한 것이다. 1시간이 빠르다는 이야기는 부산에서 사용하는 표준 경도(동경 135도)보다 15도 동쪽에 위치한다는 것을 의미한다. 그러므로 배가 위치하는 곳의 위치는 경도는 동경 150도, 위도는 북위 30도가 된다.

내가 직접 항성시를 계산할 수 있을까?

태양도 별이기 때문에 태양이 남중했을 때도 항성시가 적용된다. 따라서 태양의 적경 값만 알고 있다면 태양이 남중하는 때인 낮 12시에 항성시를 알 수 있다. 즉 태양이 남중하는 정오(12시)에 태양의 적경 값이 항성시가 되는 것이다. 예를 들어 어느 날 태양의 적경 값이 13h라면 이날 정오(태양시로 12시)에 항성시로는 13시가 된다. 즉 이날 정오에 항성시(13시)와 태양시(12시) 사이에 1시간의 시각 차이가 생기는 것이다.

앞서 항성시와 태양시의 시각 차이를 항시차 계수라고 정의했다. 그

리고 이 항시차 계수가 하루 동안에는 약 4분밖에 바뀌지 않는다. 따라
서 그 날의 항시차 계수를 알아낼 수 있다면, 태양시에 항시차 계수를
더해서 실시간으로 항성시를 계산할 수 있다. 즉 이날 별이 잘 보이는
21시(저녁 9시)에 항성시로는 약 22시가 되는 것이다.

　태양의 적경 값은 매일 규칙적으로 변하기 때문에 태양이 항상 정오

★태양의 적경 값 변화★

항성이라고 불리는 보통의 별은 언뜻 보기에 밝기도 변하지 않고 우주에서의 상대 위치도 바뀌지 않는다. 물론
항성도 실제로는 우주에서 움직이고 있지만 지구에서 너무 멀리 떨어져 있기 때문에 그 움직임이 수십 년 또는
수백 년 내에서는 관찰되지 않는다. 그래서 항성의 위치를 나타내는 적경과 적위가 변하지 않고 항성마다 고유의
값을 갖는다.

반면에 태양이라고 하는 별은 다른 별들에 비하면 지구에서 매우 가깝기 때문에 매일매일 그 위치가 바뀐다. 실제로
는 지구가 태양 주위를 움직이지만 겉보기로는 태양이 별자리 사이를 이동하는 것이다. 예를 들어 5월 26일에 태양
은 황소자리의 알데바란 근처에 있고, 8월 26일에는 사자자리의 레굴루스 근처에 있다가, 12월 3일에는 전갈자리의
안타레스 바로 위에 있으므로 태양이 별자리 사이를 움직인 것처럼 보이는 것이다.

태양이 알데바란, 레굴루스, 안타레스와 가까이 붙어 있다는 것은 태양의 적경 값과 적위 값이 이 별들과 비슷하다
는 것을 의미한다. 그런데 이 세 별의 적경 값과 적위 값은 상당히 다르다. 그러므로 태양의 적경 값과 적위 값에도
날짜에 따라 많은 차이가 발생한다. 즉 태양의 위치를 나타내는 적경 값과 적위 값이 매일매일 달라진다. 지구가 태
양 주위를 1년에 한 번씩 규칙적인 속도로 공전하므로 태양의 적경 값과 적위 값은 매일 비슷한 크기로 바뀐다. 특히
적경 값은 춘분날의 값인 0h를 기준으로 대략 매일 4m씩 커진다.

특정한 날짜의 항시차 계수를 구하기 위해서는 그날의 태양 적경 값을 알아야 한다. 그런데 태양의 적경 값은 춘분,
하지, 추분, 동지를 기준으로 일정한 값을 나타내기 때문에 쉽게 계산할 수 있다. 춘분(3월 22일 전후)에 태양의 적경
값은 0시(0h 0m)고 하루에 4m씩 증가한다. 따라서 약 세 달이 지나서 하지(6월 21일 전후)가 되면, 적경 값이 증가
해 360m(6h)이 변한다. 그 결과로 하짓날 태양의 적경 값은 6h(6h 0m)가 된다.

마찬가지로 하지로부터 추분까지도 태양의 적경 값이 매일 규칙적으로 증가하므로 90일이 지난 추분에는 태양의
적경 값이 12h(12h 0m)가 된다. 이렇게 계속 태양의 적경 값은 변해 동지(12월 21일 전후)에는 18h가 되고 다시 춘분
전날에는 태양의 적경 값이 23h 56m이 되었다가 춘분에 0h(24h)가 된다.

달력을 보면 춘분(적경 0h), 하지(적경 6h), 추분(적경 12h), 동지(적경 18h)를 알 수 있으므로 이때의 태양 적경 값을
이용해 특정한 날짜에 태양의 적경 값을 계산하면 된다. 예를 들어 어느 해 6월 22일이 하지라고 가정해 보자. 그러
면 그 해 6월 21일은 태양의 적경 값이 5h 56m이 되고 6월 23일은 6h 4m이 된다. 하지보다 열흘 전인 6월 12일은
태양의 적경 값이 5h 20m이 될 것이다.

(태양시로 12시)에 남중하더라도 항성시는 매일 규칙적으로 바뀐다. 예를 들어 춘분에는 태양의 적경 값이 0h이기 때문에 태양이 남중하는 12시에 항성시로는 0시가 되지만, 하지에는 태양의 적경 값이 6h이기 때문에 태양이 남중하는 12시에 항성시는 6시가 된다. 추분에는 태양의 적경 값이 12h이므로 태양이 남중하는 12시(태양시)에 항성시로도 12시다. 즉 추분은 항성시와 태양시가 같은 날이다. 동지에는 태양의 적경 값이 18h이기 때문에 태양이 남중하는 12시(태양시)에 항성시로는 18시가 된다.

이처럼 태양이 남중하는 항성시는 매일 바뀌지만 1년 주기로는 반복된다. 즉 올해 하지나 내년 하지나 항성시로 6시가 되면 태양이 남중한다는 말이다. 그런데 우리가 일상생활에서 사용하는 태양시를 기준으로 하면 태양이 남중하는 시각은 12시로 날짜에 상관없이 항상 똑같다.

일상생활에서 사용하는 태양시로 12시에 항상 태양이 남중하지만, 태양이 남중하는 항성시는 매일매일 바뀌는 것이다. 태양이 남중할 때의 항성시와 태양시의 차이가 바로 항시차 계수다. 그러므로 항시차 계수는 그날그날 태양이 남중할 때의 항성시에서 태양시를 빼주면 된다. 태양이 남중할 때의 항성시는 그날 태양의 적경 값과 같고 태양이 남중할 때의 태양시는 항상 12시이기 때문에 항시차 계수를 구하는 공식은 다음과 같다.

항시차 계수 = 태양의 적경 - 12h(정오를 기준으로 했을 때)
항시차 계수 = 항성시 - 태양시(태양을 별로 생각 했을 때)
관측 시점의 항성시 = 관측 시점의 시각 + 그날의 항시차 계수

태양의 적경 값을 이용해 정오(낮 12시)의 항성시를 알 수 있다. 정오의 항성시에서 12시간을 빼면 그날의 항시차 계수를 알 수 있다. 태양시에 그날의 항시차 계수를 더하면 항성시를 구할 수 있으므로 관측

하는 때의 시각에 항시차 계수를 더해서 실시간으로 항성시를 직접 계산할 수 있다.

★항시차 계수 계산해 보기★

평상시에 사용하는 시계의 시각에 항시차 계수를 더해 주면 항성시를 금방 계산할 수 있다. 어떤 날의 항시차 계수는 그날의 태양 적경에서 12h를 빼주면 된다. 항성시를 계산하는 데 가장 중요한 것이 그날의 항시차 계수고, 이 항시차 계수를 알기 위해서는 매일 바뀌는 태양의 적경 값을 계산해야 한다. 태양의 적경 값은 춘분, 하지, 추분, 동지를 기준으로 다음의 공식으로부터 계산할 수 있다.

*공식1 : 특정한 날 태양의 적경 값 = 춘분, 하지, 추분, 동지 때 태양의 적경 값 + (4m×D)
       특정한 날이 기준 날짜보다 늦을 때 적용
*공식2 : 특정한 날 태양의 적경 값=춘분, 하지, 추분, 동지 때 태양의 적경 값 − (4m×D)
       특정한 날이 기준 날짜보다 빠를 때 적용

        D : 춘분, 하지, 추분, 동지로부터 특정한 날까지의 일수
        기준 날짜의 적경 값 : 춘분 0h, 하지 6h, 추분 12h, 동지 18h

예를 들어 2011년 6월 1일 태양의 적경 값이 얼마인지를 구해보자. 2011년 6월 22일이 하지고 하짓날과 6월 1일 사이에는 21일의 날짜 차이가 난다. 따라서 6월 1일 태양의 적경 값은 위 공식 2를 적용하면 된다.

    6월 1일 태양의 적경 값 = 하짓날의 적경 값(6h)−(4m×21) = 6h−1h 24m
                      = 4h 36m이 된다.
    6월 1일의 항시차 계수 = 4h 36m−12h = −7h 24m이 된다.
        (항시차 계수 = 태양의 적경−12h)
    6월 1일 밤 24시에 별을 보고 있다면 이때의 항성시는 16시 36분이 된다.
        (항성시 = 태양시(24h)+항시차 계수(−7h 24m)이므로)

그럼 이때 남쪽 밤하늘에는 적경 값이 16h 29m인 전갈자리의 안타레스가 남중하고 있다.

태양이 지구보다

5

일식과 월식

훨씬 크다는 것을 ★ 어떻게 알았을까? ★

일식과 월식

태양이 지구보다 훨씬 크다는 것을 어떻게 알았을까?

지구가 둥글다는 것을 언제 느낄 수 있을까?

파도가 없는 날 배 위에서 바다를 바라보면 사방 어느 쪽을 봐도 평평하고 끝없이 펼쳐진 수평선 모습뿐이다. 높은 산에 올라 사방을 쳐다봐도 비행기를 타고 더 높이 올라 아래를 내려다봐도 지구는 둥글게 보이지 않고 평평하게 보인다. 지구가 둥글다는 것을 책에서 배우지 않았다면, 일상적인 생활공간에서 지구가 둥글다는 것을 감각적으로 느낄 수 있는 방법은 전혀 없다. 지구라는 구(球)의 반지름이 너무 크기 때문이다. 지구가 둥글다는 것을 느낄 정도가 되려면 비행기의 높이보다 훨씬 높은 곳까지 올라가 지구를 내려다봐야 한다.

지구의 둥근 모양이 인류에게 처음으로 모습을 드러낸 것은 20세기 들어 지구 대기권 밖에서 지구의 사진을 찍기 시작한 이후다. 그 전까지는 누구도 지구의 둥근 모습을 직접 확인할 수 없었다. 그래서 고대인들은 보이는 모습 그대로를 받아들여 지구는 평평한 대지며 그 위에

비행기에서 내려다본 지구 모습. 지구가 둥글다는 것을 전혀 느낄 수 없고, 단지 좀 더 멀리까지 보여서 경치가 좋을 뿐이다.

둥근 하늘이 천장처럼 덮고 있다고 생각했다. 별과 행성, 달, 태양은 둥근 천구에 붙어서 하루에 한 바퀴씩 평평한 지구를 돌고 있었다. 다만 별은 천구에 고정돼 있는 반면에 달과 태양, 행성(수성, 금성, 화성, 목성, 토성)은 천구에 고정돼 있지 않기 때문에 자유롭게 움직여 다닐 수 있고, 그 결과로 뜨고 지는 시각이 불규칙하다고 생각했다.

옛날 사람들은 불규칙한 천체의 운동이 신의 뜻과 관련 있다고 생각했기 때문에 신의 뜻을 헤아리기 위해서는 천체의 움직임을 파악하는

고대인들이 생각했던 우주의 모습.

것이 필요했다. 고대의 천문학은 점성술을 토대로 발전했으며, 이에 접근할 수 있는 사람은 소수의 신관 계급뿐이었다. 바빌로니아 신관은 높은 탑에 올라 하늘을 관측했는데, 특히 달, 토성, 목성, 화성, 금성 등의 운행을 자세히 관측했다.

이들은 태양, 달, 행성이 움직이는 길이 따로 있다는 것을 알았고, 특히 태양이 움직이는 길을 황도라 했다. 이 황도 상에 위치한 별자리 12개를 특별히 황도 12궁이라 불렀다. 이집트와 바빌로니아의 점성가들은 달의 위상 변화에 따라 조수 간만의 차가 생긴다는 사실도 알았으며, 일식과 월식이 언제 일어나는지도 예측할 수 있었다. 그러나 그것이 왜 일어나는가에 대해서는 알지 못했다.

모든 일의 원인을 논리적으로 설명하려는 기질을 갖고 있었던 그리스인들 중 일부는 일찍부터 지구가 둥글다는 생각을 하고 있었다. 피타고라스는 철학적인 견지에서 지구가 둥글다고 생각했고, 아리스토텔레스는 여러 가지의 예를 들어 지구가 둥글다는 것을 설명했다. 지구가 둥글다는 것을 논리적으로 설명할 수 있는 사실에는 어떤 것이 있을까?

남산 서울타워에서 설악산 대청봉이 보이지 않는 이유는 무엇일까?

등산을 하다 보면 산 위로 올라갈수록 경치가 좋아지는 것을 느낀다. 높은 곳에 오르면 더 멀리까지 보여서 한 시야에 많은 풍경이 들어오기 때문이다. 날씨가 좋은 날 서울타워 전망대에 오르면 인천 앞바다가 보인다. 그러나 아무리 날씨가 좋아도 서울타워에서 설악산 대청봉은 보이지 않는다. 서울타워는 서울에서 가장 높은 곳에 위치하기 때문에 어떤 장애물도 시야를 가리지 않는다. 그런데 왜 설악산이 보이지 않는 걸까?

엄청 멀어서일까? 엄청 멀어서는 아니다. 왜냐하면 설악산보다 훨씬 멀리 떨어져 있는 달은 잘만 보이지 않는가! 달은 멀지만 크기가 무척 크고, 설악산은 달보다 가깝지만 산의 높이가 달의 크기에 비해 아주 작기 때문일까? 가능성이 있는 답변이다. 서울타워에서 달을 볼 때와 설악산을 하늘에 띄워 놓고 볼 때 누가 더 크게 보일지를 비교해 보자. 서울타워에서 설악산까지의 직선거리는 약 140㎞고 달까지의 거리는 약 38만㎞다. 달까지의 거리가 약 2714배 먼 것이다. 달의 크기가 설악산의 높이보다 약 2714배 크다면 달과 설악산은 같은 크기로 보일 것이다. 반면에 달의 크기가 설악산의 높이보다 2714배 이상이면 달이 크게 보이고, 2714배 이하면 설악산이 달보다 크게 보여야 한다.

설악산의 높이는 약 1.7㎞고 달 지름의 크기는 약 3476㎞다. 즉 달의 크기가 설악산 높이보다 2045배밖에 되지 않는다. 만약 설악산이 달처럼 하늘에 떠 있다면 설악산이 달보다 약 1.3배 크게 보여야 된다. 따라서 설악산이 서울타워에서 보이지 않는 이유가 거리에 비해 설악산의 높이가 낮아서는 아니다.

혹시 달은 밝게 빛나지만 설악산은 어둡기 때문에 설악산이 보이지

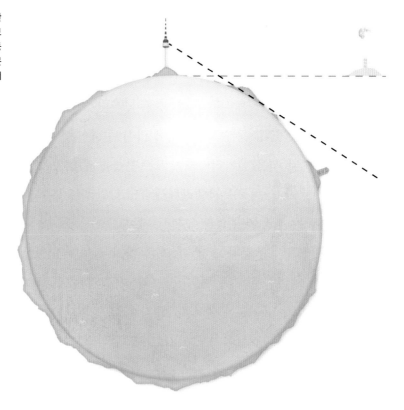

설악산 대청봉이 평평한 지구 위에 있다면 달보다도 크게 보이지만, 둥근 지구 위에 있기 때문에 시선이 닿지 않아서 보이지 않는다.

이것만은 꼭! ★ 서울타워에서 설악산 대청봉이 보이지 않는 이유는 지구가 둥글기 때문이다.

않는 것은 아닐까? 왜냐하면 관측 대상이 우리 눈에 보이기 위해서는 눈으로 크기를 구분할 수 있을 정도의 크기여야 하면서 눈에 보일 만큼의 밝기가 있어야 하기 때문이다. 만약 그렇다면 설악산에 밝은 등대를 켜 놓거나 어두운 것을 볼 수 있는 천체 망원경이 있다면 서울타워에서 설악산이 보일까? 그렇지 않다. 설악산 대청봉 꼭대기에 아무리 밝은 등대를 켜 놓아도 세계에서 가장 큰 망원경을 설치해도 서울타워에서 설악산은 보이지 않는다. 왜냐하면 서울타워에서 설악산이 보이지 않는 이유는 따로 있기 때문이다. 그것은 바로 지구가 둥글기 때문이다.

고대인들이 생각했던 것처럼 지구가 둥글지 않고 평평하게 생겼다면 서울타워에서 설악산을 볼 수 있었을 것이며, 먼 바다를 향해 나아가는 배가 그렇게 빨리 수평선 너머로 사라지지 않을 것이다. 지구가 둥글기 때문에 높은 곳에 오를수록 멀리까지 보여서 경치가 좋아지고, 평지에서는 몇 십 km만 떨어져도 건물이나 산이 보이지 않는 것이다. 이것은 수학을 조금만 알면 쉽게 추측할 수 있는 부분이다. 그래서 2500년 전에 살았던 수학자 피타고라스도 지구가 둥글다고 생각했다.

하늘의 달은 동전만 한데
지평선 위의 달은 왜 그렇게 커 보일까?

사람은 관측 대상의 크고 작음을 시각(visual angle)의 크기로 인식한다. 시각이란 보고 있는 물체의 좌우 또는 상하의 양끝에서 사람의 안구(눈알)에 그은 2개의 선이 이루는 각을 의미한다. 이 시각은 물체의 크기와 거리에 의해 달라진다. 따라서 아무리 큰 물체라 해도 멀리 떨어져 있으면 시각이 작아져서 작게 느껴지고, 작은 물체도 가까이에서 보면 시각이 커져서 크게 느껴진다.

100원짜리 동전을 한 손에 쥐고 하늘을 향한 후 밤하늘의 달과 비교하면 동전이 커 보일까 달이 커 보일까? 동전으로 달이 모두 가려지면 동전이 더 큰 것이고 그렇지 않으면 달이 더 커 보이는 것이다. 동전 쥔 팔을 아무리 길게 뻗어도 하늘의 달은 동전에 모두 가려진다. 달의 시각은 0.5도지만 100원짜리 동전의 시각은 이보다 5배쯤 큰 2.5도나 되기 때문에 당연히 동전이 달보다 더 커 보이는 것이다.

실제로 하늘 높이 떠 있는 달을 보면 별보다는 크지만 지상의 건물이나 나무 등에 비해 무척 작게 느껴진다. 그런데 지평선 바로 위의 달을 바라보면 달의 크기는 그렇게 작지 않다. 함께 겹쳐 보이는 나무보다 더 크며 커다란 산봉우리보다도 크게 보인다. 지평선 위의 달은 왜 그렇게 크게 느껴지는 걸까? 지평선 바로 위의 달은 시각의 크기가 0.5도가 아니고 더 커진 걸까?

그렇지 않다. 하늘에 떠 있는 달의 모습과 지평선 바로 위의 달을 같

달이 하늘 높은 곳에서 보일 때 함께 보이는 지상의 나무나 건물은 관측자와 가까이 있기 때문에 티체너 착시 효과로 달의 크기가 작게 느껴진다.

앞쪽 배구공 위에 올려놓은 달 모형이 뒤쪽의 지구본보다 작게 느껴지지만 실제 크기를 재서 비교해 보면 지구본의 크기가 오히려 조금 작다.

은 크기의 카메라로 촬영한 후, 사진에 찍힌 달의 크기를 비교하면 똑같다. 지평선 바로 위의 달이라고 시각이 더 커진 것은 아니다. 단지 지평선 바로 위의 달이 크게 느껴질 뿐이다. 크기를 짐작할 수 있는 지상의 나무나 산봉우리와 비교돼 달이 크게 느껴지는 것이다.

어쨌든 달의 크기는 언뜻 생각했던 것보다는 훨씬 크다. 그럼 달의 실제 크기는 어느 정도일까?

이것만 꼭! ★지평선 위의 달은 머리의 지상 물체와 비교되기 때문에 중천에 있을 때보다 더 커 보인다.

★지평선의 달이 커 보이는 것은 착시 때문★

눈에 보이는 것이 모두 사실은 아니다. 눈의 착시(optical illusion) 현상으로 인해 똑같은 크기의 물체가 주변 환경에 따라 크기가 달라 보일 수 있기 때문이다. 비교 착시 현상 중에 '티체너 착시'가 있다. 이것은 동일한 크기의 물체라 해도 작은 물체 옆에 있을 때가 큰 물체 옆에 있을 때보다 크게 보이는 현상이다. 달이 하늘 높은 곳에서 보일 때는 주변에 비교되는 건물이나 자연(나무, 산 등)이 없거나, 있다 하더라도 달과 같은 시야에 들어오는 건물이나 나무는 관측자에서 가까운 곳에 위치하게 된다. 즉 크기가 큰 건물이나 나무와 크기가 작은 달이 함께 관측되기 때문에 달이 작게 느껴지는 티체너 착시가 생기는 것이다. 반면에 달이 지평선에 보일 때의 대부분은 관측자로부터 먼 곳에 위치하는 지상의 건물과 자연(나무 또는 산)이 한 시야에 보인다. 달과 함께 보이는 건물과 자연이 관측자로부터 멀리 떨어져 있기 때문에 이것의 크기도 작게 보이고, 작게 보이는 지상의 물체와 달이 함께 보일 때 달은 상대적으로 크게 느껴지는 것이다. 이것도 티체너 착시.

또 다른 착시로 '거리 착시'가 있다. 인간의 뇌는 시신경으로부터 전달된 정보를 해석할 때, 어떤 물체의 크기를 물체까지의 거리를 고려해 짐작한다. 그런데 이 과정에서 멀리 있는 물체일수록 겉보기 크기를 원래보다 큰 것으로 착각하는 잘못된 인식을 하게 되는데, 이를 거리 착시라 한다. 달이 지평선 위에 있을 때가 하늘에 떠 있을 때보다 멀리 있다고 느껴지기 때문에 지평선 위의 달이 커 보이는 거리 착시가 나타난다. 물론 이것도 비교되는 물체 간 거리를 느낄 수 있을 때 일어나는 착시 현상이다. 달과 태양의 크기를 비교할 경우 어떤 천체가 더 멀리 떨어져 있는지 느끼지 못하기 때문에 태양이 멀리 떨어져 있어도 태양이 달보다 커 보이지 않는다.

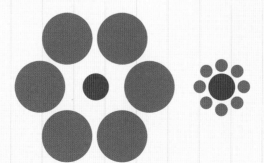

티체너 착시. 중앙의 원 크기는 같지만 주변에 큰 원이 있을 경우, 주변에 작은 원이 있을 때보다 상대적으로 더 작게 느껴진다.

보름달이 갑자기 어디로 사라지는 것일까?

맨눈으로 관측해도 모양과 크기 변화를 알 수 있는 유일한 천체가 달이다. 달은 태양 다음으로 밝게 보여서 낮에도 하늘에 떠 있기만 하면 관측이 가능하다. 따라서 옛날 사람들도 달에 관한 오랜 관측 기록으로 달이 지구에서 가장 가까운 천체임을 알고 있었다. 밀물과 썰물이 생기는 원인뿐만 아니라 밀물과 썰물일 때의 시각이 매일 바뀌는 이유도 달과 관련돼 있음을 알고 있었다.

초저녁 같은 시각에 달의 위치를 관찰해 보면 음력 7일 이전에는 서쪽 하늘에 있고, 음력 10일 전후에는 남쪽 하늘에 있다가 보름인 음력 15일까지는 동쪽 하늘에서 관측된다. 즉 달은 매일 모양이 변하는 동시에 뜨고 지는 시각이 약 50분씩 느려진다. 이것은 달이 매일 별자리 사이를 서쪽에서 동쪽으로 조금씩 이동하기 때문에 일어나는 현상이다.

초승달에서 보름달이 될 때까지 달 모양을 살펴보면 밝게 빛나는 부분이 태양과 마주 하는 부분임을 알 수 있다. 태양 빛이 비추고 있는 쪽

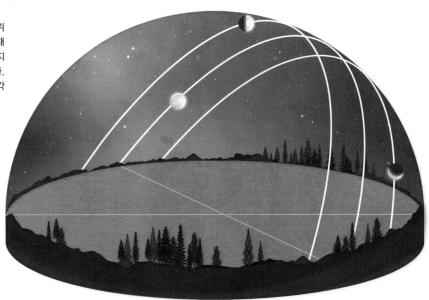

월령에 따른 초저녁 달의 위치. 초승달은 오전에 뜨기 때문에 초저녁에 이미 서쪽 지평선 근처까지 이동해 있다. 달은 모양에 따라 뜨는 시각이 다르다.

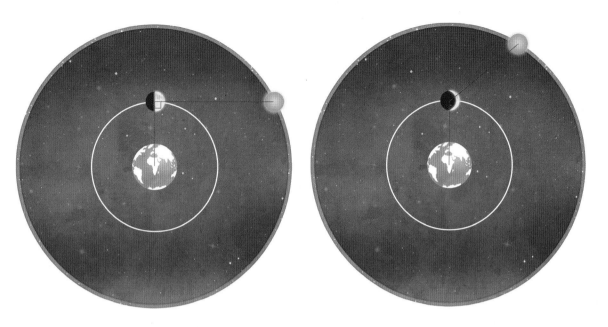

달의 모양이 바뀌는 이유. 달의 모양은 지구와 달과 태양이 이루는 각에 따라 그 모양이 바뀐다.
이 각이 직각일 때 반달 모양이 되고, 135도 이상일 때 초승달 모양으로 보이고, 0도일 때 보름달이고 180도일 때 그믐달이 된다.

의 달 표면이 밝게 보이기 때문이다. 태양은 항상 달의 절반을 비추고
있지만 태양, 지구, 달이 이루는 각도에 따라 지구에서 밝게 보이는 달
의 면적이 달라진다. 상현달일 때 태양이 비추는 달의 나머지 부분만
지구에서 보이기 때문에 반달이 되는 것이다. 그렇다고 달의 반을 지
구에서 전혀 볼 수 없는 것은 아니다. 어두워서 잘 보이지 않을 뿐이다.
초승달일 때 달을 자세히 보면 달의 어두운 부분도 희미하지만 보인다
는 사실을 확인할 수 있다.

태양, 지구, 달이 일직선을 이룰 때 보름달이 된다. 그런데 이 보름
달이 갑자기 사라지는 날이 있다. 하늘에서 밝고 둥글게 떠 있던 보름
달이 갑자기 조금씩 사라지면서 모양이 작아지다가 끝내 밤하늘에서
사라진다. 보름달이 사라진 뒤 얼마 후 달이 다시 조금씩 보이기 시작
하더니 이내 다시 보름달 모양을 되찾는다. 이런 현상을 '월식'이라고
한다. 월식이 일어날 때 보름달은 어디로 사라지는 것일까? 아니면 무

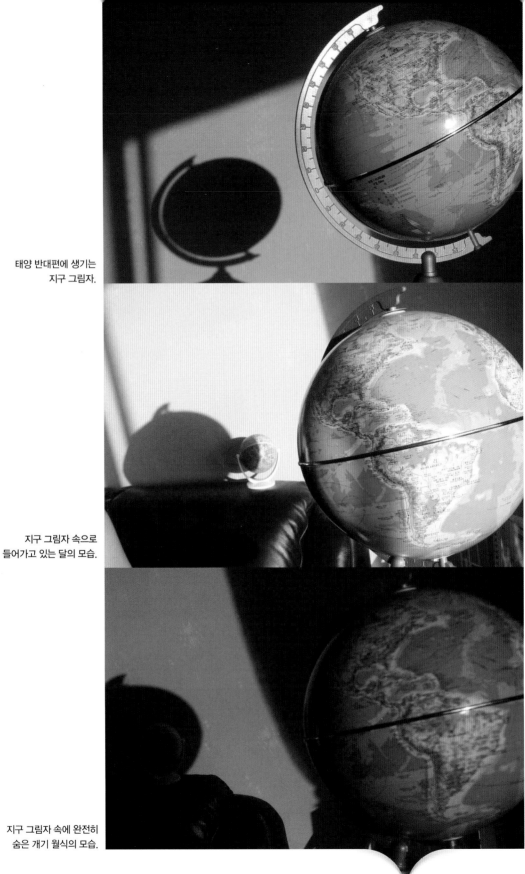

태양 반대편에 생기는
지구 그림자.

지구 그림자 속으로
들어가고 있는 달의 모습.

지구 그림자 속에 완전히
숨은 개기 월식의 모습.

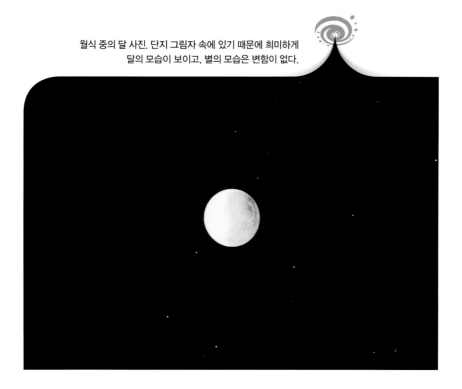

월식 중의 달 사진. 단지 그림자 속에 있기 때문에 희미하게
달의 모습이 보이고, 별의 모습은 변함이 없다.

엇인가에 의해 가려지는 것일까?

월식은 실체가 있는 무엇인가에 가려지는 현상이 아니다. 만약 달보다 큰 무엇인가가 달을 가리는 것이 월식이라면 보름달 근처의 별도 보이지 않아야 한다. 하지만 월식이 일어나느 동안 달은 보이지 않지만 달 옆의 밝은 별은 보인다. 월식은 지구의 그림자 속으로 보름달이 들어가면서 사라지는 것처럼 보이는 현상이다. 따라서 개기 월식이 일어나는 동안에도 아주 희미하지만 달의 모습을 확인할 수 있다.

태양 빛으로 만들어진 지구의 그림자는 시간이 지남에 따라 동쪽에서 서쪽으로 이동해 간다. 지구의 그림자도 동에서 떠서 남쪽으로 남중했다가 서쪽으로 지는 것이다. 지구의 그림자는 항상 태양의 정반대쪽에 만들어지므로 이 그림자에 달이 들어갈 수 있는 때는 보름달이 뜰 때뿐이다. 왜냐하면 달이 지구를 사이에 두고 태양의 정반대 쪽에 위치할 때가 보름달이 뜨는 날이기 때문이다. 그렇다고 보름달이 뜰 때 항상 지구 그림자로 들어가지는 않는다. 태양이 뜨고 지는 위치와 남중고도가 계절에 따라 매일 변하듯이 지구 그림자의 위치도 밤하늘에서 매

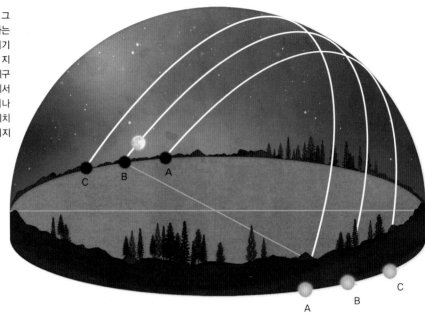

태양의 위치에 따른 지구 그림자의 위치. 지구 그림자는 태양의 정반대 쪽에 생기기 때문에 태양이 서쪽의 A 지점(북서쪽)에 있을 경우 지구 그림자는 동쪽의 남서쪽에서 만들어진다. 월식이 일어나기 위해서는 달이 뜨는 위치와 지구 그림자가 만들어지는 위치가 일치해야 한다.

일 변하기 때문이다. 보름달이 뜨는 위치와 지구 그림자가 생기는 위치가 일치할 때 보름달이 지구 그림자 속으로 들어가서 개기 월식이 일어날 수 있다. 이때 밝은 보름달이 하늘에서 갑자기 사라졌다가 다시 나타나는 것이다.

아리스토텔레스는 무엇을 보고 지구가 둥글다고 확신했을까?

보름달이 지구 그림자 속으로 들어가면서 월식이 일어난다. 이 과정에서 보름달의 모양은 상현달이나 하현달처럼 반달이 됐다가 초승달의 모양이 되며 완전히 사라진다. 시간이 지나 달이 지구 그림자를 빠져나오기 시작하면 달 모양은 초승달 모양이 되었다가 다시 반달의 모습으로 커지고 끝내는 둥근 보름달 모양을 되찾는다. 그런데 월식이 아닌 평상시에 월령 10 근처의 달 모양과 월식 과정에서 지구 그림자기 달의

월령 10의 달(위)과 월식이 일어나는 동안의 달(아래). 월식이 일어날 때 둥근 지구 그림자에 의해 가려지는 것이기 때문에 어두운 부분의 곡선 모양이 월령 10일 때의 달 모습과 정반대다.

3분의 1만 가렸을 때 달 모양에는 확연한 차이가 있다.

지구는 평평해 보이지만 실제로는 둥글게 생겼다. 따라서 밤하늘에 생기는 지구 그림자 또한 둥글다. 이 둥근 그림자에 보름달이 들어가게 되면 달 표면에 둥근 지구 그림자의 모양이 나타난다. 이것으로부터 지구가 정말로 둥글다는 사실을 알 수 있었다. 월식을 보며 지구는 분명히 둥글다고 주장한 사람이 그리스의 위대한 철학자 아리스토텔레스였다.

이 밖에도 지구가 둥글다는 것을 짐작할 수 있는 것들이 있다. 먼 바다에서 배가 들어올 때의 모습, 동쪽으로 갈수록 해 뜨는 시각이 빨라진다는 사실, 북쪽으로 올라갈수록 북극성의 고도가 높아진다는 사실 등이 바로 그것이다. 이런 것들은 지구가 평평하게 생겼다면 일어나지 않는 일들이다.

월식을 통해 알 수 있는 것이 또 있다. 달과 별이 빛나는 원리가 다르다는 것이다. 달은 태양 빛을 반사시켜 빛나는 것이고 별은 스스로 빛을 발한다는 사실이다. 왜냐하면 별은 지구 그림자 속으로 들어가도 스스로 빛을 내기 때문에 어두워지지 않고 계속 밝게 빛난다. 실체가 있는 달에 별이 가려질 때는 별이 보이지 않는 성식현상이 일어난다. 별이 달에 가려지는 성식은 하늘에서 자주 볼 수 있는 현상이다.

지구가 보름달보다 세 배밖에
크지 않다는 것을 어떻게 알아냈을까?

2300년 전 달의 크기와 지구의 크기를 비교하려는 엄청난 시도를 한 사람이 있었다. 바로 아리스타르코스다. 그때까지 달의 크기는 물론 지구의 크기도 정확히 알려지지 않았었다. 에라토스테네스가 지구의 크기를 측정한 것은 이보다 훨씬 뒤의 일이다. 지구의 크기도 모르고 달의 크기도 모르는데 어떻게 지구와 달의 크기를 비교할 수 있었을까?

직선 구간의 철로를 일정한 속도로 달리는 KTX가 터널을 지나려 하고 있다. 아주 멀리서 이 광경을 지켜보면서 KTX의 길이와 터널의 길이 중 어떤 것이 더 큰지, 아니 얼마나 더 큰지를 정확하게 알 수 있는 방법이 있을까? 물론 KTX의 길이도 모르고 터널의 길이도 알지 못한다. 초등학교 4학년 수학에 나오는 문제를 예로 들어 보자. KTX의 맨 앞부분부터 맨 뒷부분까지 터널에 완전히 들어가는 데 걸리는 시간은 2초였고, KTX의 맨 뒷부분이 터널을 완전히 빠져 나오는 데까지 걸린 시간은 8초였다. 터널의 길이는 KTX의 길이보다 몇 배 더 긴 것일까? 계산해 보면 3배 더 긴 것으로 나온다.

터널을 빠져 나오는 KTX. KTX의 길이도 모르고 터널의 길이도 모르지만 KTX가 터널을 지날 때 몇 초 만에 빠져 나오는지를 측정하면 터널이 KTX보다 몇 배 긴 지 알 수 있다.

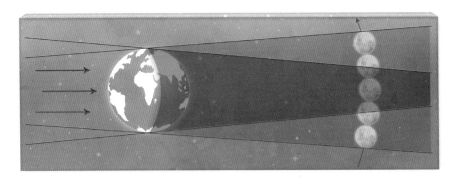

보름달이 지구 그림자를 통과할 때 월식이 진행되는 시간을 기록하면, 달의 크기와 지구의 크기 비를 알 수 있다.

밤하늘에 만들어지는 지구 그림자 크기는 실제 지구의 크기와 비슷하다. 이 지구 그림자가 매일 밤하늘에 나타나지만 평상시에는 그 존재를 확인할 수 없다. 깜깜한 밤하늘에서는 어두운 지구 그림자의 모습이 보이지 않기 때문이다. 보름달이 지구 그림자를 가로지를 때 비로소 지구 그림자의 존재를 확인할 수 있다.

달의 크기와 지구의 크기를 비교하려면, 보름달이 지구 그림자를 통과하는 개기 월식을 관찰하면 된다. 만약 달이 지구보다 크다면 보름달은 지구 그림자에 다 가려지지 않을 것이다. 즉 달이 완전히 사라지는 개기 월식이 일어나지 말아야 한다. 그러나 개기 월식은 흔하게 일어난다. 그러므로 지구 그림자가 보름달보다 더 크다는 것을 쉽게 알 수 있다. 그러면 지구는 달보다 몇 배나 클까? 개기 월식을 섬세하게 관찰하면 지구와 달의 크기 비율을 알 수 있는 방법이 있다.

앞서 초등학교 4학년 수학 문제에서 터널을 지나는 기차의 시간을 측정해서 터널의 길이가 기차의 길이보다 몇 배 더 긴지를 알아낼 수 있었다. 마찬가지로 보름달이 지구 그림자 속으로 들어가는 시간을 기록한 후, 달이 지구 그림자를 완전히 통과해 다시 보름달의 모습이 나타날 때까지의 시간을 기록하면 된다. 예를 들어 달이 지구 그림자 속으로 들어가는 데 약 1시간이 걸리고 달이 지구 그림자를 완전히 빠져나오는 데 대략 4시간이 걸렸다면, 지구 그림자의 크기는 달 크기보다 약 3배 더 큰 것이다. 이 방법으로 보름달의 크기가 지구 크기의 약 3분

의 1이 된다는 사실을 최초로 알아낸 사람이 바로 2300년 전에 살았던
아리스타르코스다.

많은 사람들이 보름달이 갑자기 사라졌다 다시 나타나는 개기 월식
을 보고 두려움을 느끼고 있었을 때, 아리스타르코스는 합리적이고 수
학적인 사고를 바탕으로 달의 상대 크기를 알아낸 것이다. 인류가 느끼

★지구가 달보다 실제로는 얼마나 클까?★

보름달이 A의 경로를 따라 이동하게 되면 월식이 일어나지 않는다. 보름 때마다 월식이 일어나지 않는 이유다. 보름 달이 B의 경로를 따라 이동하면 달의 일부분만 가려지는 부분월식만 일어나고 C나 D의 경로를 따라 움직이면 개기 월식이 일어난다. 같은 개기월식이라 해도 달이 C의 경로를 따라 움직일 때보다 D의 경로를 따라 움직일 때 지구 그림자를 통과하는 시간이 길어지기 때문에 개기월식이 관측되는 시간이 길어지는 것이다.

아리스타르코스는 개기월식을 통해 지구가 달보다 약 2.5배밖에 크지 않다고 측정했다. 그러나 지구의 적도 반지름은 약 6378km이고 달의 평균 반지름은 약 1738km이므로 지구는 달보다 약 3.7배 크다. 아리스타르코스가 측정한 것보다 실제로 지구는 달보다 조금 더 컸던 것이다. 이런 오차가 발생한 이유는 개기월식이 일어날 때 달이 항상 지구 그림자의 중심부를 지나는 것은 아니기 때문이다. 즉 지구 그림자의 실체를 볼 수 없는 상황에서 달이 C의 경로를 따라 움직이며 월식을 일으킬 경우, 월식이 일어나는 시간이 짧아지기 때문에 실제보다 달이 큰 것으로 측정되는 것이다.

아리스타르코스가 측정한 달의 크기에 약간의 오차가 있었지만. 인류는 달의 실제 크기가 지구의 크기와 비교할 만큼 크다는 사실을 깨닫게 된다. 우주의 크기가 갑자기 엄청나게 확대된 것이다.

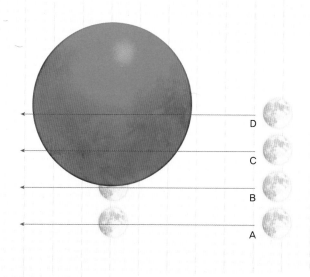

고 있던 것보다 달의 크기가 갑자기 엄청나게 커졌다. 그냥 하늘에 떠 있는 달의 크기는 손톱만 하고 산 위로 지는 달의 크기는 아무리 크다고 해도 산봉우리 하나의 크기였다. 그런데 월식으로부터 알게 된 달의 크기가 지구 크기의 3분의 1만 하다니, 우리가 상상했던 것보다 달의 크기는 어마어마하게 더 컸던 것이다.

태양이 달보다 크다는 것을 어떻게 알 수 있을까?

태양과 달을 맨눈으로 바라봤을 때 어떤 천체가 더 커 보일까? 태양과 달은 하늘 높이 떠 있을 때 작게 느껴지고 지평선 위에서 관측될 때 크게 느껴진다. 그런데 태양은 일출이나 일몰 때 지평선 위에서 관측되는 경우가 많은 반면에, 달은 보름 때를 제외하고는 하늘 위에서 관측되는 경우가 많다. 따라서 이런 질문을 받았을 때 태양이 더 커 보인다고 대답하는 사람이 훨씬 많다. 태양이 달보다 훨씬 크다는 사실을 책에서 배웠기 때문에 당연히 태양이 더 크게 보일 것이라고 생각하기도 한다.

그런데 태양과 달은 겉보기 크기가 거의 같다. 그냥 맨눈으로 관측해서는 태양과 달 중 어떤 천체가 더 큰지 구분할 수 없다. 그러면 옛날 사람들은 태양이 달보다 크다는 사실을 어떻게 알아냈을까? 무엇을 알아야 태양이 달보다 크다고 결론 낼 수 있을까?

인간은 관측 대상의 크기를 시각의 크기로 인식하기 때문에 실제 크기와는 상관없이, 시각이 큰 대상은 시각이 작은 대상에 비해 크게 느껴진다. 달과 태양의 크기가 똑같게 느껴지는 것은 달과 태양의 시각이 약 0.5도로 거의 같기 때문이다. 그러나 일상생활에서는 건물이나 산의 크기를 시각으로 나타내지 않는다. 왜냐하면 관측 대상과 관측자와의 거리에 따라서 시각이 달라지기 때문이다. 즉 거리가 변하면 관측 대상의 크기를 일정한 각의 크기로 표현할 수 없는 것이다.

서쪽 지평선 위의 태양과 보름달. 태양과 달은 겉보기 크기가 비슷해서 실제로 어떤 천체가 더 큰 것 인지 쉽게 알 수 없다.

63빌딩이 30층도 안 되는 오른쪽의 아파트보다 작아 보인다.
63빌딩이 아파트보다 10배 이상 멀리 있기 때문에 63빌딩이 더 작게 보인다.

예를 들어 여의도에 있는 63빌딩을 한강대교 남단에서 바라볼 때와 한강대교 북단에서 바라볼 때, 시각의 크기가 달라지기 때문에 63빌딩 자체의 크기가 확연히 다르게 보인다. 이와 마찬가지로 하늘에 떠 있는 천체의 크기도 지구와의 거리가 얼마나 떨어져 있느냐에 따라, 작지만 크게 보일 수 있고 실제는 크지만 작게 보일 수도 있다. 우리가 크기를 인식하는 데는 관측 대상의 실제 크기뿐만 아니라 관측 대상까지의 거리가 중요한 요소다.

지상에서 볼 때 높은 빌딩이나 전망대 중 어떤 것이 더 높은지는 관측 대상에 일정한 거리까지 접근한 후 그 크기를 비교하면 쉽게 알 수 있다. 아니면 관측자와 관측 대상까지의 거리를 알 수 있어도 그 크기를 가늠할 수 있다. 어느 위치에서 크기가 같아 보이는 두 개의 빌딩이 있을 때 어느 한 빌딩까지의 거리가 더 멀다면 먼 곳에 위치한 빌딩의 높이가 더 높다. 어떤 빌딩이 얼마나 더 높은지를 알려면 두 빌딩까지의 거리 차이가 몇 밤하늘의 모든 천체 중 가장 가까운 달조차도 지구에서 약 38만㎞나 떨어져 있다. 따라서 관측자가 바닷가 해변에서 달을 관측할 때도, 높은 산에 올라 달을 보더라도 달의 크기는 달라져 보이지 않는다. 물론 높은 산에서 달을 보면 달에 더 가까이 접근한 상태지만, 달까지의 거리 약 38만㎞에 비하면 관측자가 달까지 가까워진 거리가 너무 작기 때문에 그 차이를 느끼지 못하는 것이다. 지구 상의 어디에서 보든 달의 크기가 같아 보인다는 것은 달의 시각이 약 0.5도로 일정하다는 것을 의미한다. 달보다 먼 곳에 위치하는 천체의 경우 그 크기를 각으로 나타냈을 때 당연히 지구 상의 어느 곳에서 관측하든 그 값이 일정하다.

천체의 크기를 각으로 나타내면 지구 상의 모든 사람들이 그 크기를 동일하게 판단하고, 맨눈으로 봤을 때 어느 정도 크기인지를 짐작하는 데 편리하다. 예를 들어 안드로메다은하의 크기는 시각으로 2도나 되기 때문에 시각으로 0.5도인 달보다 4배나 크게 보인다는 것을 알 수 있는 것이다.

배 나는지를 정확히 알아야 한다. 어느 한 빌딩까지의 거리가 다른 빌딩에 비해 5배 멀리 떨어져 있다면 눈으로 보이는 크기가 같다 하더라도 먼 곳의 빌딩이 실제로는 가까운 빌딩보다 5배 높다.

눈으로 볼 때 크기가 같아 보이는 태양과 달 중 어느 천체가 더 큰 것일까? 당연히 거리가 더 멀리 떨어져 있는 천체가 실제는 더 큰 것이다. 즉 태양과 달 중 어떤 천체가 더 큰지를 알기 위해서는 어떤 천체가 지구에서 더 멀리 떨어져 있고, 어떤 천체가 지구에 더 가까이 있는지를 알아야 한다. 그런데 옛날에는 태양이나 달까지의 거리를 알 수 없었다.

오늘날 우리는 태양이 달보다 멀리 떨어져 있다는 사실을 잘 알고 있다. 당연히 태양이 달보다 더 큰 것으로 인식하고 있다. 그러나 옛날 사람들은 망원경으로 관측하기 전까지 태양이 달보다 멀리 떨어져 있다는 사실을 알 수 없었다. 맨 처음에 어떻게 태양이 달보다 멀리 있다는 사실을 알아냈을까? 하늘에서 일어나는 어떤 현상을 관찰한 후 확실히 알 수 있었다. 과연 어떤 현상일까?

태양이 누구에게 먹히는 것일까?

어느 날 갑자기 태양이 정체를 알 수 없는 무엇인가에 의해 가려지기 시작해 반달 모양이 되더니, 곧 초승달 모양이 되었다가 아예 사라진다. 이렇게 태양이 완전히 사라지고 나면 대낮임에도 불구하고 하늘에서 별이 보이기 시작한다. 낮에 별이 보이는 이 현상은 잠시뿐, 채 10분이 지나지 않아 사라졌던 태양이 다시 나타나기 시작하며 별들은 사라지고 하늘이 밝아진다. 개기 일식이 일어나는 과정이다.

개기 일식이 일어날 때 태양을 가리는 것은 무엇일까? 짙은 먹구름일까? 아니다. 만약 짙은 먹구름이 태양을 가리는 것이라면 태양이 구름 속으로 들어가기 전에 구름의 모양을 확인할 수 있을 뿐만 아니라 태양이 사라진 후 별도 보이지 않을 것이다. 왜냐하면 별도 구름에 가려질 것이기 때문이다. 개기 일식은 구름 한 점 없는 맑은 하늘에서도 일어나며, 태양이 조금이라도 가려지기 전까지는 태양을 가리는 천체의 존재를 전혀 볼 수 없다.

일식이 일어날 때 태양을 가리는 물체는 둥근 모양이다. 이것은 일식이 일어나는 초기에 태양 표면에 만들어지는 검은 모양이 둥글다는 것으로부터 알 수 있다. 태양 앞을 지나며 일식을 일으키는 천체의 겉보기 크기가 태양과 비슷하기 때문에 개기 일식이 일어나는 시간도 짧다. 만약 태양보다 훨씬 커다란 무엇인가가 태양을 가리는 것이라면 일식 시간이 그 만큼 길어질 것이다. 또한 어떤 때는 태양이 다 가려지지 못해서 금환 일식이 일어나기도 한다. 이것은 일식을 일으키는 천체의 겉보기 크기가 바뀐다는 것을 의미한다.

둥근 모양이며 겉보기 크기가 태양과 비슷하고, 겉보기 크기가 바뀌는 것을 눈으로 확인할 수 있는 천체는 달뿐이다. 개기 일식 때 태양 앞을 지나며 태양을 먹어 치우는 천체가 바로 달이다. 그런데 일식은 태

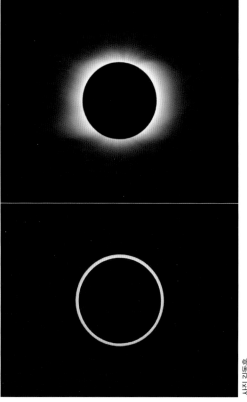

개기 일식(2008 년 8월 1일 몽골 올기)은
그믐달의 겉보기 크기가 태양보다 클 때 일어난다.

사진 김동훈

금환 일식(2012년 5월 21일. 일본 하마마쓰)은
그믐달의 겉보기 크기가 태양보다 작을 때 일어난다.

구름에 가려졌다 빠져 나오는 태양. 일
식과의 차이점은 구름이 태양을 가리기
전에 구름의 정체를 알 수 있지만 일식
때는 일식이 일어나기 직전까지 그믐달
의 정체를 알 수 없다.

양보다 달이 지구와 가깝다는 사실을 증명한 예가 됐다. 달과 태양은 겉보기에 크기가 비슷하지만 태양이 달보다 멀리 떨어져 있으므로 태양이 달보다 크다. 이처럼 일식으로 태양이 달보다 크다는 사실을 분명히 알게 됐다.

★일식이 매달 일어나지 않는 이유★

일식은 태양, 달, 지구가 일직선으로 늘어설 때 달이 태양을 가리기 때문에 하늘에서 태양이 사라지는 현상이다. 눈에 보이지 않는 그믐달이 뜨는 음력 29일이나 30일에 일식이 일어날 수 있다. 그렇다고 일식이 매달 일어나는 것은 아니다. 왜냐하면 달과 태양이 동쪽에서 뜨는 위치가 서로 다르면 달이 태양을 가릴 수 없기 때문이다. 즉 태양과 달이 동쪽의 같은 위치에서 뜰 때만 일식이 일어나는 것이다. 태양이 뜨는 위치가 매일 변하고 달이 뜨는 위치도 매일 달라지기 매달 일식이 일어날 수 없다.

태양이 지구보다 훨씬 크다는 것을
어떻게 알았을까?

일식이 일어날 때 달이 태양을 가리는 것이므로 달이 지구에 더 가깝고, 태양이 달보다 더 멀리 떨어져 있다는 사실을 알았다. 달과 태양의 겉보기 크기가 똑같지만 태양이 달보다 멀리 떨어져 있으므로 실제는 태양이 달보다 더 크다는 결론을 얻을 수 있다. 게다가 월식이 일어날 때 지구 그림자의 크기가 보름달의 크기보다 약 3배 더 크다는 사실도 알아냈다. 그러면 지구와 태양 둘 다 달보다 크다는 것은 확실한데, 지구와 태양 중 어느 것이 클까? 이것을 알려면 태양이 달보다 몇 배 더 큰지를 알아야 한다. 태양이 달보다 얼마나 멀리 떨어져 있는지 알 수 있다면 이 문제는 해결된다. 태양이 달보다 2배 멀리 떨어져 있다면 태양은 달보다 2배 더 큰 것이고, 10배 멀리 떨어져 있다면 태양이 달보다 10배 더 큰 것이다.

태양이 달보다 얼마나 멀리 떨어져 있는지를 어떻게 알 수 있을까? 아리스타르코스가 살았던 2300년 전에는 지구에서 달까지의 거리조차 알지 못했기 때문에, 달보다 멀리 떨어진 태양까지의 거리를 측정한다는 것은 상상조차 할 수 없었다. 왜냐하면 거리가 너무 멀리 떨어져 있으면, 그때까지 거리를 측정하는 방법이었던 삼각측량법으로는 관측 대상까지의 거리를 측정할 수 없었기 때문이다. 그래서 아리스타르코스는 태양과 달까지의 거리를 측정하는 방식이 아니라 태양과 달까지의 거리 비율을 측정하고자 했다. 태양이 지구로부터 얼마나 떨어져 있는지는 몰라도 태양이 달보다 몇 배 멀리 떨어져 있는지를 측정할 수는 있었기 때문이다.

아리스타르코스는 지구, 달, 태양이 직각을 이룰 때 상현달(반달) 모양이 만들어진다는 사실을 이용해 달과 태양의 상대적 거리 비율을 구하려고 했다. 직각삼각형의 경우 직각 이외에 나머지 두 각의 비율에 따라 직각을 이루는 두 변의 길이 비율이 정해진다. 예를 들어 직각삼각형에서 직각 이외의 다른 두 각이 각각 30도와 60도라면 두 변의 길이 비율은 약 1.732가 된다. 즉 빗변과 30도를 이루는 변의 길이가 빗변과 60도를 이루는 변의 길이보다 약 1.732배 긴 것이다. 따라서 상현달일 때 지구와 달을 이은 선분과 지구와 태양을 이은 선분이 이루는 각도를 측정해 계산하면, 지구와 달을 이은 선분과 지구와 태양을 이은 선분의 길이 비율을 구할 수 있다.

아리스타르코스가 상현일 때 지구와 달을 이은 선분과 지구와 태양을 이은 선분이 이루는 각도를 측정했고 그 값은 약 87도였다. 이 값을 이용해 직각삼각형에서 두 변의 길이 비율을 구하니, 지구에서 태양까지의 거리는 지구에서 달까지 거리의 약 20배가 되었다. 태양이 달보다 약 20배 멀리 떨어져 있는 것이다. 이것은 태양이 달보다 20배 크다는 것을 의미한다. 앞서서 지구는 달보다 약 3배 크다고 했는데 태양이 달보다 약 20배 크니, 태양은 지구보다 약 7배 큰 것이 된다.

이것만은 꼭! ★ 태양이 달보다 지구보다 훨씬 크고 20배 크다는 ★ 달을 바탕으로 지구보다 태양이 훨씬 크다는 사실을 알아냈다.

상현달이 관측될 때 태양-달-지구가 이루는 각도는 태양까지의 거리에 상관없이 항상 90도이지만, 태양-지구-달이 이루는 각도는 태양이 얼마나 멀리 떨어져 있느냐에 따라 달라진다. 태양이 A궤도를 돌 때보다 B궤도를 돌때가 태양-지구-달이 이루는 각도가 더 크다. 이 각의 크기를 이용해 태양과 달의 상대적 거리를 계산할 수 있다.

막대기 하나로 피라미드의
높이를 어떻게 잴 수 있었을까?

우리가 사는 고층 아파트의 옥상에 올라가지 않고도 이 아파트 높이를
잴 수 있는 방법이 있을까? 맑은 날 아파트가 만드는 그림자의 크기를
측정하는 방법으로 아파트의 높이를 계산해 낼 수 있다. 그러나 주의할
점이 있다. 아파트가 만드는 그림자의 크기는 태양이 떠 있는 위치에
따라 달라진다. 그럼 언제 아파트의 그림자 크기를 측정하는 것이 적당
할까? 하루 중 아파트의 그림자 크기가 가장 작게 만들어지는 때 그림
자 크기를 측정하는 것이 좋다. 이때가 하루 중 태양의 고도가 가장 높
아지는 정오 무렵이다. 즉 하루 중 정오 무렵에 그림자 크기가 가장 작
으므로 이때를 이용해 그림자 크기를 측정하면 된다.

그런데 단순히 정오 무렵에 아파트가 만드는 그림자 크기를 잰다고
해서 곧바로 아파트의 높이를 알 수 있는 것은 아니다. 왜냐하면 같은
정오 무렵이라고 해도 태양의 고도가 매일 바뀌기 때문에 아파트의 그
림자 크기도 매일 바뀐다. 즉 아파트의 실제 높이는 변함이 없지만, 아
파트가 만드는 그림자의 크기는 매일 바뀌므로 그림자 크기만으로
아파트의 실제 높이를 알 수 없다. 그래서 아파트의 그림자 크기를 측
정하는 시각에 일정한 크기의 수직 막대기가 만드는 그림자 크기를 측

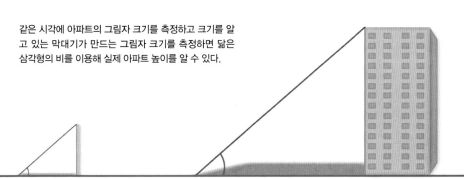

같은 시각에 아파트의 그림자 크기를 측정하고 크기를 알
고 있는 막대기가 만드는 그림자 크기를 측정하면 닮은
삼각형의 비를 이용해 실제 아파트 높이를 알 수 있다.

정해야 한다. 수직으로 세운 막대기의 높이와 이 막대기가 만드는 그림자의 크기 비율과 아파트의 실제 높이와 이 아파트가 만드는 그림자의 크기 비율은 동일하다. 즉 닮은 삼각형을 이용하는 것이다. 따라서 같은 날 같은 시각에 수직으로 세운 막대기의 높이와 이 막대기가 만드는 그림자 크기를 잰 후, 아파트가 만드는 그림자의 크기를 재면 아파트의 실제 높이를 계산할 수 있다.

이와 같은 방법으로 이집트의 피라미드 높이를 측정한 사람이 탈레스였다. 피라미드가 만드는 그림자의 크기를 측정하고 동시에 수직으로 세운 막대기의 높이와 이 막대기에 의해 만들어지는 그림자의 크기를 측정해 피라미드의 높이를 측정했다. 닮은 삼각형에서 삼각형의 실제 크기와 상관없이 세 변의 길이 비율은 일정하다는 수학적 지식을 이용해 피라미드에 오르지도 않고 피라미드의 높이를 정확히 측정한 것이다.

북반구에 있는 나라에서는 하짓날 정오에 태양의 고도가 가장 높다. 하루 중 정오에 그림자의 길이가 짧지만, 특히 하짓날 정오에는 일 년 중에 그림자의 크기가 가장 짧아진다. 그리고 하짓날 정오라 해도 지역에 따라서 그림자의 길이가 달라지는데 북쪽으로 올라갈수록 그림자

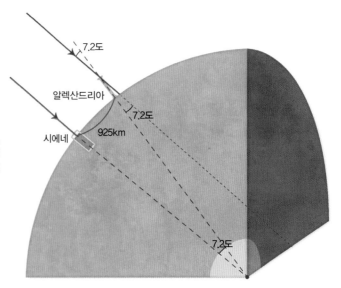

시에네와 알렉산드리아의 거리(925km)를 측정하고, 시에네와 지구 중심을 이은 선과 알렉산드리아와 지구 중심을 이은 선이 이루는 각(7.2도)을 알게 되면 비례식을 이용해 지구 둘레를 계산할 수 있다.

925km : 7.2도 = ?(지구 둘레)km : 360도
지구 둘레=360÷7.2×925=46250km

의 길이가 길어진다. 2200년 전에 살았던 에라토스테네스는 문헌을 뒤지다가 남부 이집트의 시에네에서는 하짓날 정오에 우물 깊숙한 곳까지 해가 비춘다는 흥미로운 사실을 발견했다. 해가 머리 위 천정에 올때만 일어날 수 있는 현상이다. 시에네에서는 하짓날 정오에 태양이 천정에 떠 있기 때문에 작은 막대기를 땅에 꽂으면 그림자가 생기지 않는 것이다.

하짓날 정오에 수직으로 세운 막대기가 만드는 그림자의 끝과 막대기의 끝을 이으면 직각 삼각형이 만들어진다. 이 직각삼각형의 빗변과 땅에 꽂은 막대기가 이루는 각의 크기는 시에네에서 북쪽 지방으로 올라갈수록 커진다. 그런데 이 각의 크기는 지구라는 원형의 구를 생각할 때, 지구 중심과 시에네를 이은 선분과 지구 중심에서 막대기를 꽂은 지역을 이은 선분이 이루는 각과 같게 된다. 이것을 수학적으로 이용하면 지구 둘레를 계산할 수 있다.

에라토스테네스는 시에네와 같은 경도면서 북쪽에 위치한 알렉산드리아에 막대기를 꽂고, 이 막대기가 만드는 그림자의 끝과 막대기 끝을 이은 빗변과 막대기가 이루는 각이 7.2도라는 것을 측정해 냈다. 그리고 시에네에서 알렉산드리아까지의 거리(925km)를 바탕으로 지구 둘레를 계산했다. 이때 에라토스테네스가 계산한 지구 둘레는 4만 6250km였다. 실제 지구 크기에 비해 오차가 크지 않았다. 인류 최초로 지구 크기를 알아낸 것이다.

아리스타르코스는 태양, 지구, 달의 상대 크기 비율을 측정한 것이지 지구의 실제 크기를 측정하지는 못했다. 에라토스테네스가 지구의 실제 크기를 처음으로 측정한 것이다.

부채꼴에서 중심각의 크기와 부채꼴의 원주 크기를 알면 원의 둘레를 측정할 수 있다. 지구 상에서 두 지점의 거리를 재는 것은 어렵지 않다. 다만 지구 표면에 살고 있는 인간이 지구 중심과 A, B 두 지점을 이은 선분이 이루는 각(부채꼴의 중심각)을 측정하는 것이 어렵다. 에라토스테네스가 이 각을 어떻게 측정할 수 있는지를 알려준 것이고 직접 측정해 지구 둘레를 최초로 측정한 것이다. 아무도 그 전체의 모습을 본 적이 없는 대상, 즉 지구의 크기를 잰 것이다.

물론 에라토스테네스가 측정한 지구 둘레는 정확하지 않았다. 왜냐하면 시에네와 알렉산드리아가 정확히 같은 경도에 있지 않았으며, 두 도시 간의 거리 측정에도 현대와 같이 정확히 측정하는 데 한계가 있었다. 또한 태양 빛이 지구에 수평으로 들어오고 지구가 완전한 구형이라는 전제가 있었지만 여기서도 약간의 오차가 발생했다. 그럼에도 에라토스테네스의 지구 둘레 측정 결과는 우주에서 천체의 크기를 비율이 아닌 실제 값으로 알려줬다는 데 큰 의미가 있다. 즉 지상에 살고 있는 나무, 동물, 산의 크기에 비해 지구 자체의 크기가 얼마나 큰지를 짐작할 수 있게 해준 것이다.

그런데 왜 시에네가 중요했을까? A, B의 거리를 재고 각각에서의 각도를 재도 되지만 시에네와 A를 기준으로 하면 시에네에서의 각 측정은 필요 없이 A에서만 막대기와 햇빛이 이루는 각도를 측정하면 되기 때문이다.

달까지의 정확한 거리를 어떻게 측정했을까?

'직각삼각형에서 빗변의 제곱은 다른 두 변의 제곱을 합한 것과 같다'는 피타고라스의 정리가 알려지면서, 직접 가보지 못한 곳까지의 거리를 계산할 수 있게 되었다. 늘 천문학자들의 관심의 대상이었지만 엄두도 내지 못했던 천체까지의 거리 문제를 풀 수 있는 훌륭한 수학 도구를 피타고라스가 선물한 것이다. 아리스타르코스가 지구, 달, 태양이 직각을 이룰 때 상현달의 모습을 관측하고 태양과 달까지의 상대 거리의 비율을 측정한 방법도 이 직각삼각형의 기하학이었다.

직선 상의 서로 다른 두 지점에서 멀리 떨어진 물체를 바라봤을 때, 직선 상의 두 지점과 물체가 이루는 각을 '시차'라고 한다. 물체를 바라보는 직선 상의 두 지점 간 거리가 일정할 때, 측정된 시차가 작을수록 측정하려는 대상은 먼 곳에 있다. 관측 대상의 거리가 아주 멀면 이 시차가 너무 작아져서 눈으로 각의 크기를 측정할 수 없으므로 관측 대상까지의 거리를 알 수 없다. 그런데 관측 대상까지의 거리가 멀다 하더라도 대상을 바라보는 두 지점 간의 거리가 멀어진다면 시차가 증가한다. 관측 대상의 거리가 멀수록 관측 대상을 바라보는 두 지점 간의 거리를 최대한 멀게 해 눈으로 구분할 수 있게 해야 한다.

천문학자들은 달까지의 거리를 측정하기 위해 서로 다른 위도 상에서 동시에 달의 고도를 측정했다. 그러나 지구에서 가장 가까운 천체임에도 달까지의 거리는 지구 크기에 비해 훨씬 멀기 때문에 시차를 쉽게 관측할 수 없었다. 달이 별자리 사이에서 움직인 것처럼 보이게 하려면 얼마만큼의 위도차를 두고 달의 고도를 관측해야 할까? 아마도 달의 시차를 관측하기 위해서 수없이 많은 시행착오 과정을 거쳤을 것이다. 그리고 끝내 수백 km쯤 떨어진 곳에서 달의 시차를 관측해 달까지의 거리가 지구 지름의 36배쯤 된다는 사실을 밝혀냈다. 2100년 전에 살았던 히파르코스가 로도스 섬에 세운 천문대를 중심으로 측정한 결과였다.

아리스타르코스가 2300년 전에 태양이 달보다 20배 멀리 떨어졌다고 측정하면서 태양이 지구보다 약 7배 크다는 것을 알아냈지만, 그때까지 달까지의 거리는 지구 지름의 9배 정도로 알고 있었다. 이제 히파르코스가 달까지의 거리가 지구 지름의 36배나 된다는 것을 측정함으로써 이에 따라 태양까지의 거리도 어마어마하게 커졌다. 이에 따라 인류가 인식할 수 있는 우주의 크기가 급격히 커졌다.

6

위대한 논쟁

★하늘이 돌까, 땅이 돌까?

위대한 논쟁

하늘이 돌까, 땅이 돌까?

하늘이 도는 것일까?

동쪽 지평선을 박차고 오르며 하루를 시작한 태양은 한낮에 남쪽으로 이동하더니 끝내 서쪽 지평선 아래로 사라진다. 밤새 태양은 서쪽 지평선 아래에서 동쪽 지평선 아래로 움직여 다음날 새벽에 다시 동쪽 지평선 위로 떠오른다. 이처럼 태양은 우리가 사는 지구 주위를 하루에 한 바퀴씩 돌고 있다.

달은 어떤가? 태양과 달리 뜨는 시각이 일정치 않아 하늘에서 움직이는 모습을 모두 볼 수 없을 때가 있지만, 달도 별들과 함께 지구를 돌고 있다. 다만 하늘에서 이동하는 속도가 태양에 비해 조금 느려서 지구를 하루에 한 바퀴 돌지 못하고 약 50분이 더 걸린다. 그래서 달이 뜨고 지는 시각은 매일 약 50분씩 늦어진다. 예를 들어 오늘 보름달이 저녁 6시에 동쪽에서 떴다면 내일은 저녁 6시 50분이 돼서야 달이 동쪽에 떠오른다.

일몰 중 태양. 태양이 서쪽
지평선 쪽으로 움직이고
있다.

밤하늘을 가로지르는 별. 동쪽 지평선 위의
모든 별들이 남쪽 하늘을 향해 움직이고 있다.

별도 지구를 돌고 있다. 태양과 마찬가지로 동쪽에서 뜨고 남쪽으로
이동했다가 서쪽으로 진다. 그런데 모든 별들이 지구를 도는 것은 아니
다. 북극성 주위의 별들은 동쪽에서 뜨고 서쪽으로 지는 현상이 일어나
지 않는다. 항상 북쪽 하늘에 떠 있다. 북극성이 속한 큰곰자리의 별들
이 뜨거나 지지 않는 대표적인 천체다. 그러나 이 별들도 움직이는데
북극성을 중심으로 원을 그리며 이동하고 있다. 하늘에 떠 있는 모든
천체가 지구를 돌고 있다는 표현보다는, 태양, 달, 별들이 붙어 있는 하
늘이 지구를 돌고 있다는 표현이 더 어울릴 것 같다.

이처럼 우리는 일상생활에서 하늘이 돌고 있다는 것을 경험하고 있
고, 이 경험은 과거에도 그랬고 앞으로도 그럴 것이다. 그래서 고대인
들은 우주에서 가장 크다고 생각되는 지구가 우주의 중심이며, 작은 해
와 달이 수 km의 상공에서 지구 주위를 돌고 있다고 생각했다. 이것이

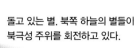
돌고 있는 별. 북쪽 하늘의 별들이
북극성 주위를 회전하고 있다.

하늘이 돈다는 천동설, 즉 지구중심설(Geocentric theory)이고 고대의 우주관이다.

아리스토텔레스의 자연철학은 진리를 찾기 위한 방법으로 직관과 경험을 중요시했다. 그러나 아리스토텔레스가 생각하는 경험은 오늘날 우리가 흔히 생각하듯이, 누가 언제 어디서 어떻게 겪은 특별한 경험을 얘기하는 것은 아니다. 오히려 누구나가 항상 어디에서나 겪고 있는 상식과 보편의 경험을 뜻한다. 그래서 내가 본 것은 확실한 경험이 되지 못한다. 또 오늘의 경험도 중요치 않다. '태양, 별, 달이 하늘과 함께 매일 지구를 한 바퀴씩 돌고 있다'와 같이, 누구든지 어디서나 겪을 만한 일반적인 경험이야말로 가장 확실한 것이며 곧 지식이 될 수 있다고 생각했다. 즉 아리스토텔레스는 고대인들의 지구중심설이 왜 옳은 것인지에 대해 논리적 근거를 부여했다.

천문학에서의 아리스토텔레스

아리스토텔레스는 달의 위상 변화에 관해 알기 쉽고 정확하게 설명했을 뿐만 아니라 일식과 월식도 완벽하게 이해하고 있었다. 그뿐만 아니라 월식 때 달에 비친 지구의 그림자 모양이 둥글다는 사실, 배가 북쪽으로 올라갈수록 북극성의 고도가 높아지고 남쪽으로 내려갈수록 낮아진다는 사실을 근거로 지구가 둥글다고 이야기했다. 일식을 통해 달이 태양보다 가깝다는 사실도 이야기했다.

아리스토텔레스는 직관과 경험을 바탕으로 자연철학의 각 분야를 체계화했는데, 그중에 천문학적으로는 지구중심설인 천동설을 주장했다. 경험상 가장 큰 것으로 느껴지는 지구를 우주의 중심에 위치시키고 달, 태양, 화성, 목성, 토성, 항성 등이 있는 천구가 지구 주변에서 원운동을 하고 있다고 생각했다. 특히 지구부터 달까지를 지상계, 달부터 별이 위치한 천구까지를 천상계로 나누었다. 지상계는 불완전한 세계여서 시작과 끝이 있는 직선 운동이 주로 일어나며 모든 것이 생성되고 소멸되는 변화가 있지만, 천상계는 시작과 끝이 없는 원 운동이 있을 뿐이고 천체는 새로 생성되지 않고 소멸되지도 않는 영구불변의 세계라고 생각했다. 즉 하늘의 물체들은 영원히 불변이지만 지상의 물체들은 변화무쌍하기 때문에 천상계와 지상계는 서로 전혀 다르다고 생각했던 것이다.

실제로 우리가 관찰을 해도 지구에는 풀, 나무, 동물이 생겨나서 자라고 끝내 죽고 만다. 비, 바람, 폭풍우, 태풍도 변화무쌍하게 생겼다 없어지기를 반복한다. 한마디로 말해서 지구의 생김새가 계속 바뀌는 것이다. 반면에 하늘에서는 이런 변화를 볼 수가 없다. 천체는 늘 같은 위치에 있으며 모양도 바뀌지 않는다. 사람들은 어떤 새로운 것도 생기지 않고 어떤 것도 없어지지 않는다고 기억했다.

소백산 천문대 전경. 사진에는 꽃이 예쁘게 피어 있지만 며칠이 지나면 꽃들은 시들어 떨어지고 새로운 변화가 시작된다.

변함없는 천상의 세계인 여름철 은하수. 수없이 많은 별들이 있지만 몇 날 며칠을 봐도 변화가 관찰되지 않는다.

★감각과 직관의 한계와 관련된 문제★
지구 둘레를 정확히 4만km라고 했을 때 지표면보다 1m 높은 곳에서 지구 둘레를 따라 원을 그리면 이 원의 둘레는 지구 둘레보다 얼마나 더 길까?
(1)6.28m (2)6.28km (3)62.8km (4)628km

아리스토텔레스는 "무거운 물체와 가벼운 물체를 동시에 떨어뜨리면 무거운 물체가 먼저 떨어진다"고 했는데, 이것도 우리가 쉽게 경험할 수 있는 사실이다. 이처럼 아리스토텔레스는 모든 사람이 항상 경험할 수 있는 것으로 우주론을 펼쳤기 때문에 쉽게 이해하고 믿었다.

아리스토텔레스의 이론은 대단히 거대하고 잘 짜여진 체계였다. 이렇게 거대한 체계의 일부를 부정하려면 필연적으로 여러 현상들을 합리적으로 잘 설명하고 있는 다른 이론들까지 문제 삼아야 했다. 이렇게 잘 짜여진 체계였다는 점 때문에 아리스토텔레스의 자연철학은 이후 약 2000년 동안이나 지식인들의 사고를 지배할 수 있었다.

그러나 아리스토텔레스는 지상에서 얻는 감각과 경험의 속임수를 경계하지 않고 어떤 의심도 없이 그것을 지구와 우주의 운동 원리로 받아들이는 맹목적 태도를 취했다. 그래서 천문학과 역학 등에서 돌이킬 수 없을 만큼 큰 실수를 저질렀다. 반면에 갈릴레이는 인간이 이성과 수학의 힘을 빌릴 때 겉으로 보이는 감각과 경험에 속지 않고서 뚜벅뚜벅 걸어가 진리를 볼 수 있다는 신념을 바탕으로 2000년이 지난 뒤에서야 아리스토텔레스가 틀렸다는 것을 증명했다. 물론 이 모든 것을 갈릴레이 혼자서 이룬 것은 아니었다. 지금부터 그 과정을 따라가 보자.

왜 태양이 우주의 중심이어야 할까?

지구에 있는 물체들만 보면 전혀 움직이지 않는 것과 같아서 지구가 움직인다는 것을 감각적으로 느낄 수 없다. 우리도 지구에 놓여 있어서 같이 움직이기 때문이다. 아리스토텔레스를 비롯한 고대인들은 실제로 하늘이 도는 것처럼 보이기도 했지만 지구가 태양보다 훨씬 크다고 느꼈기 때문에, 지구가 우주의 중심에 있고 나머지 천체들이 지구 주위를 도는 것이 자연스럽다고 생각했다. 천동설이자 지구중심설이다.

반면 2400년경에 살았던 피타고라스의 제자 에크판토스는 지구가

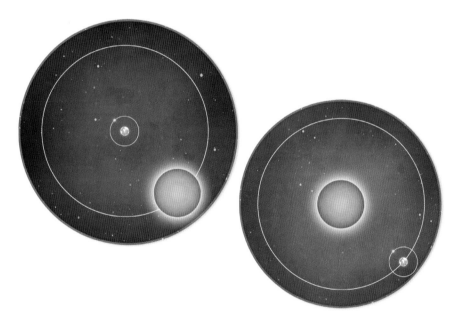

지구를 도는 태양, 태양 주위를 도는 지구. 태양이 지구보다 훨씬 크다면 지구가 태양 주위를 도는 것이 더 자연스러워 보인다.

★에크판토스는 하늘이 움직이는데 왜 지구가 돌 수도 있다고 생각했을까?★

배경이 되는 풍경 전체가 움직이는 것처럼 보이는 것은 내가 움직일 때 나타나는 현상이다. 풍경 중의 어느 하나만 움직이는 것처럼 보인다면 그것은 움직이는 물체 하나만 움직이는 것이 분명하다. 예를 들어 달이 없는 날 밤하늘 전체는 아무런 변화 없이 모두가 같은 방향(동쪽에서 서쪽)으로 같은 각속도를 갖고 움직인다. 즉 모든 별들이 별자리 모양을 그대로 유지한 채 동쪽에서 서쪽으로 이동하는 것이다. 지구를 뺀 밤하늘 풍경 전체가 움직이는 것이므로 이것은 밤하늘이 움직이는 것이 아니라 지구만 돌고 있다고 생각해도 무방하다.

자전하고 있다고 생각하면 하늘에 나타나는 회전 운동을 설명할 수 있다는 가설을 세웠다. 그로부터 100년 뒤 아리스타르코스는 여러 관측 결과와 수학적 계산을 바탕으로 태양이 지구보다 약 7배나 더 크다는 사실을 알아냈다. 더는 지구가 우주의 중심일 이유가 없어졌다. 지구보다 훨씬 큰 태양이 우주의 중심이고 지구가 태양 주위를 돌고 있다고 주장했다. 즉 작은 지구가 큰 태양을 도는 것이 더 자연스럽다고 생각한 것이다. 그리고 태양이나 별들이 매일 지구를 도는 것처럼 보이는 현상은 지구가 하루에 한 바퀴씩 자전 운동을 하기 때문이라고 설명했다. 코페르니쿠스보다 약 1800년을 앞서 아리스타르코스가 지동설(태양중심설)을 주장했던 것이다.

이것만은 꼭! ★ 멀리 떨어가 같은 방향으로 움직이는 것처럼 보인다면 사실은 내가 탄 배가 혼자 움직이는 것이다.

★ 내가 탄 배가 움직이는지 아니면 저 멀리 있는 어떤 배가 움직이는 것인지를 어떻게 알 수 있을까? ★

눈에 보이는 어떤 움직임이 나 자신의 운동 때문에 일어난 것인지, 어떤 대상이 실제로 움직이는 것인지를 착각할 때가 있다. 예를 들어 바다 위에서 배를 타고 어느 해변을 지나간다고 가정해 보자. 그리고 해변에는 많은 배들이 바다 위에 떠 있다. 바다 위의 다른 배를 쳐다봤을 때 내가 바라보고 있는 배가 실제로 움직이는 것인지, 내가 타고 있는 배가 움직이기 때문에 다른 배가 움직이는 것처럼 보이는 것인지를 쉽게 구분할 수 있을까? 잔잔한 바다 위에서 일정한 속도로 움직이기 때문에 배의 흔들림이 없다면 내가 탄 배가 움직이는지 느낄 수 없다. 배가 크고 이 배에 많은 사람이 타고 있다 해도 다 같이 움직이기 때문에 내가 탄 배의 움직임 여부를 알 수 없다.

내가 탄 배가 움직이기 때문이라고 판단할 수 있으려면, 배에서 떨어져 있는 모든 대상들이 어떤 종류의 동일한 움직임을 보이는지 살펴야 한다. 예를 들어 바다 위에 떠 있는 많은 배들 중 특정 배 하나만 움직이는 것이 관찰되고 나머지 배들은 정지해 있는 것처럼 보인다면, 그 움직임은 내가 탄 배가 이동함으로 인해 나타나는 것이 아니라 특정한 배 하나가 이동하는 것이다. 그러나 바다 위에 떠 있는 모든 배들이 같은 방향으로 움직이고 있다면, 그것은 내가 탄 배가 이동함으로 인해 다른 배들이 움직여 보이는 것일 수도 있다. 즉 내가 탄 배 밖의 다른 배들의 움직임을 잘 관찰하면 내가 움직이는 것인지 아닌지를 판단할 수 있다.

하늘이 돌까, 땅이 돌까?

하늘에 나타나는 천체의 이동 모습은 실제로 하늘이 돌아서일까? 땅이 돌기 때문에 나타나는 착시일까? 이것은 지구 밖에 있는 모든 천체의 움직임을 세밀히 관측함으로써 판단할 수 있다.

예를 들어, 어떤 움직임이 달의 경우에만 나타나고 금성이나 목성, 또는 다른 별들에서는 나타나지 않는다면, 그 움직임은 지구나 다른 무엇이 움직이는 게 아니라 달이 움직이는 것이다. 실제로 달은 빠른 속도로 혼자 움직이고 있으므로 하룻밤만 지나도 별자리 사이에서 달의 위치가 달라진다. 물론 행성도 별자리 사이를 움직이지만 달과 비교한하면 매우 느리기 때문에 하룻밤 사이에는 달만 움직였다고 판단할 수 있다. 즉 하늘의 천체가 움직인다고 판단할 수 있는 근거를 달이 준 것이다.

그러나 모든 천체에 공통이 되는 가장 중요한 움직임이 있다. 태양, 달, 다른 모든 행성과 별, 그러니까 지구를 제외한 우주 전부가 한 덩어리가 되어 동에서 서로 24시간을 주기로 도는 것처럼 보이는 것이다. 이 움직임은 겉으로 보이는 것만 고려하면, 우주 전부가 움직이는 것이 아니고 지구 혼자서 움직이는 것이라고 해도 논리적으로 성립한다.

하늘의 움직임은 그렇게 간단하지 않았다. 어떤 하나의 현상을 보고 섣불리 하늘이 도는지 땅이 도는지 판단할 수는 없었다. 그래서 이 논쟁은 약 1800년간 지속되며 인류 역사상 가장 길면서도 격렬하게 진행됐다. 이 논쟁 과정에는 지동설을 주장하다가 종교 재판을 받고 화형당한 조르다노 브루노라는 사람도 있었다.

아리스토텔레스의 지구중심설(천동설)이나 아리스타르코스의 태양중심설(지동설) 모두 하늘에서 일어나는 현상을 설명하고 있다. 지구를 중심에 두고 하늘이 하루에 한 바퀴 돌든, 태양을 중심에 두고 지구

서쪽 하늘의 목성, 금성, 달. 목성과 금성 사이에 위치하던 초승달이 빠른 속도로 서쪽에서 동쪽 방향으로 움직이고 있다. 이틀 만에 목성을 지나쳐 동쪽으로 한참 지나쳤다. 목성과 금성도 움직이지만 이동 속도가 느려서 달 혼자 서쪽에서 동쪽으로 움직이는 것이다.

금성

목성

달

3월 25일 19시 44분

금성

목성

달

3월 25일 21시 04분

하늘 전체의 이동. 1시간 20분 동안 금성, 목성, 달이 동시에 천정(동쪽 방향)에서 서쪽 방향으로 이동했다.

가 태양을 돌며 하루에 한 바퀴씩 자전을 하든, 태양과 달의 움직임을 설명하는 데 큰 문제가 없었다. 그뿐만 아니라 달과 태양의 움직임을 예측할 수 있었기 때문에 옛날 사람들도 일식과 월식이 언제 일어날지 알 수 있었다.

천문학자들을 수천 년간 괴롭혔던 것은 행성의 문제였다. 행성은 마치 밤하늘을 방황하듯 이리저리 불규칙하게 움직였는데, 행성이 왜 그렇게 움직이는지 설명할 수 없었고, 움직임의 원리를 이해하지 못했

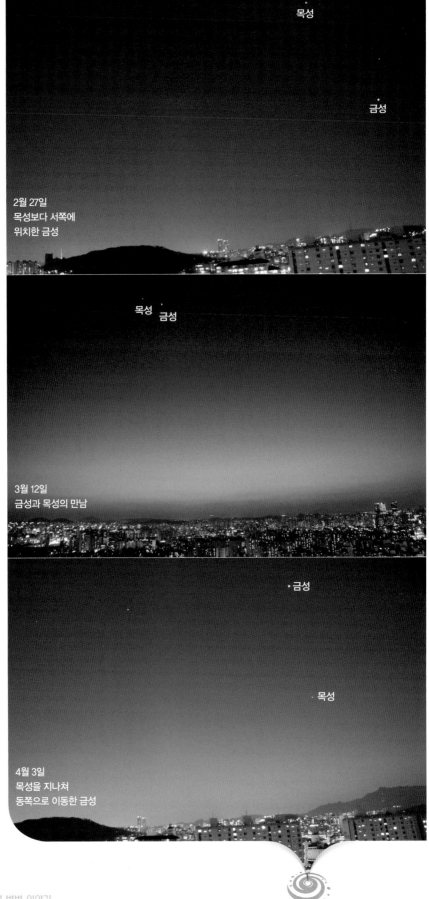

금성과 목성의 자리바꿈. 목성도 별을 기준으로 보면 서쪽에서 동쪽 방향으로 서서히 움직이지만, 금성이 움직이는 속도에 비하면 아주 미미하다. 목성에서 서쪽 방향으로 한참 떨어져 있던 금성이 동쪽 방향으로 빠른 속도로 움직였기 때문에 한 달 만에 위치가 완전히 바뀌어서 관측된다.

목성

금성

2월 27일
목성보다 서쪽에
위치한 금성

목성 금성

3월 12일
금성과 목성의 만남

금성

목성

4월 3일
목성을 지나쳐
동쪽으로 이동한 금성

기 때문에 다음에 어디로 움직일지 예측할 수 없었다. 예를 들어 금성이 한밤중에 보이지 않는다는 점과 화성이 별자리 사이에서 순행이나 역행을 하며 움직이는 점이 당시에는 설명할 수 없었던 현상이었다.

'하늘이 도는가(천동설) 땅이 도는가(지동설)'의 논쟁에서 이기기 위해서는 행성의 불규칙한 운동을 설명하고 다음 움직임을 예측할 수 있어야 했다. 뿐만 아니라 태양이 세상의 중심(지동설)이라고 하면 지구에서 볼 때 금성이나 화성의 크기가 때에 따라 크게 변화가 있어야 한다. 그런데 망원경이 발명되기 전까지는 화성과 금성의 크기를 관찰할 수 없었으므로, 이 논쟁은 행성의 움직임을 어떻게 설명할 수 있느냐에 따라 어떤 이론이 옳은지를 결론 낼 수 있었다.

지금부터 천동설과 지동설이 천문 현상을 어떻게 설명하고 있는지 알아보자. 또한 천동설 또는 지동설로 설명하기 어려웠던 행성의 문제를 자세히 알아보자.

별이 뜨는 시각은 왜 매일매일 조금씩 빨라질까?

하늘의 모든 천체가 하루에 한 바퀴씩 돌고 있음을 누구나 경험하므로 대부분의 사람들은 천동설을 쉽게 받아들일 수 있을 것이다. 그러나 천체의 운동을 유심히 살펴보면 언뜻 이해되지 않는 부분이 많다. 가장 먼저 부딪히는 문제는 태양과 별의 출몰 시각이다. 태양은 뜨는 시각이 매일 비슷해서 계절에 상관없이 아침 6시를 전후해서 동쪽 하늘에 나타나는데 반해, 별들은 뜨는 시각이 매일 약 4분씩 빨라진다. 한겨울 초저녁에 뜨는 별자리의 경우 봄에는 낮 12시에 동쪽 지평선 위로 뜬다. 즉 별은 한 계절이 지날 때마다 뜨는 시각이 6시간이나 빨라진다. 그 결과 겨울에 초저녁 동쪽 하늘에 보이던 별자리가 봄에는 초저녁에 서쪽 하늘에서 보인다. 오리온자리를 보면 겨울에 초저녁 동쪽 하늘에서 보이지만 봄이 되면 초저녁에 서쪽 하늘에서 보인다. 왜냐하면 오리온자리의 경우 봄에는 낮 12시경에 동쪽 하늘에서 뜨기 때문이다. 하늘이 지구를 하루에 한 바퀴씩 단순하게 돌고 있는 것은 아니다.

하늘이 돈다는 천동설을 주장했던 철학자와 천문학자들은 이와 같이 천체의 출몰 시각이 달라지는 현상을 어떻게 설명했을까? 고대인들은 별(항성)은 천구에 고정돼 있는 반면에 달과 태양, 행성(수성, 금성, 화성, 목성, 토성)은 천구에 고정돼 있지 않기 때문에 자유롭게 움직일 수 있다고 생각했다. 그렇게 되면 천체의 뜨고 지는 시각이 달라지는 현상을 설명할 수 있다.

아리스토텔레스는 더 나아가 달이 속한 천구가 지구와 가장 가까운 곳에서 돌고 있으며, 태양이 속한 천구는 달이 속한 천구와 항성이 속한 천구 사이에서 지구를 돌고 있다고 생각했다. 달이 속한 천구, 태양이 속한 천구, 항성이 속한 천구 각각이 지구를 도는 속도에 차이가 있기 때문에 달, 태양, 항성의 상대 위치 변화를 비교적 정확하게 설명할 수 있었다.

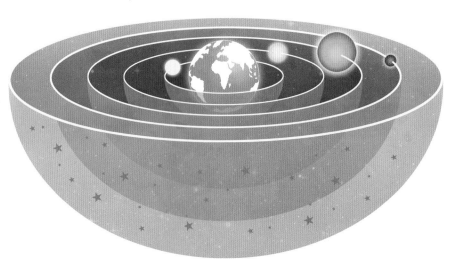

행성 천구와 항성 천구가 분리돼 서로 다른 속도로 지구를 돌고 있기 때문에 하늘에서 행성과 별의 배치가 달라질 수 있다. 항성 전체가 하나의 천구에 속해 있기 때문에 별들의 상대 위치는 바뀌지 않는다.

항성이 속한 천구는 태양이 속한 천구보다 더 빠른 속도로 돌기 때문에 별들은 매일 약 4분씩 일찍 뜬다고 설명한다. 달이 속한 천구는 태양이 속한 천구보다 느리게 돌기 때문에 매일 약 50분씩 늦게 뜬다. 그 결과로 달은 한 달을 주기로 모양이 반복되고 별은 1년을 주기로 뜨는 시각이 반복되는 것이라고 이해했다.

지동설에서는 지구가 태양 주위를 일정한 속도로 돌기 때문에 태양, 지구, 별의 상대 위치가 규칙적으로 달라지고, 별이 뜨고 지는 시각이 달라진다는 것을 쉽게 설명할 수 있다. 즉 지구를 사이에 두고 태양과 반대편에 있는 별자리가 저녁 6시경에 뜨는데, 지구가 태양을 돌면서 태양 반대편에 있는 별의 종류도 매일 달라진다.

금성은 왜 한밤중에는 볼 수 없을까?

하늘의 별들은 밝기가 일 년 내내 일정하고 별자리 모양도 변하지 않는다. 또한 별이 뜨고 지는 위치도 항상 일정하고, 뜨고 지는 시각도 일 년을 주기로 똑같이 반복된다. 이런 별들을 우리는 항성이라고 부른다. 항성만 보면 우주의 모습이 변하지 않는 것처럼 느껴진다. 그런데 보기에는 별과 차이가 없는데 밝기가 변하고 하늘을 방황하는 별이 5개 있다. 행성이라 부르는 수성, 금성, 화성, 목성, 토성이다. 천문학자들을 수천 년간 골치 아프게 했던 것이 이 행성의 문제였다. 그중에서도 금성과 화성의 움직임이 가장 두드러졌고 이해하기 힘들었다.

별(항성)은 뜨는 시각이 매일 규칙적으로 빨라지기 때문에 1년 동안 밤하늘의 어느 곳이든 위치할 수 있다. 예를 들어 직녀성은 어떤 날은 한밤중에 천정에서 보일 때도 있고, 어떤 때는 새벽 동쪽 하늘이나 서쪽 하늘에서도 관측된다.

그럼 금성은 언제 어디서 관측할 수 있을까? 금성을 한밤중에 볼 수 있

초저녁 서쪽 하늘의 금성과 초승달(위), 새벽녘 동쪽 하늘에 나타난 금성과 달(아래).
달은 한밤중에 보이는 날이 있지만, 금성을 한밤중에 볼 수 있는 날은 없다.

는 날이 있을까? 금성이 샛별이라고 해서 새벽녘 동쪽 하늘에서만 보이는 것은 아니다. 어느 날 갑자기 초저녁 서쪽 하늘에 밝은 금성이 나타나기도 한다. 금성의 밝기는 −4등급 이상이기 때문에 일등성인 견우성보다도 100배나 밝다. 다른 별들과 비교가 안 될 만큼 밝게 보이기 때문에 금성이 서쪽 하늘에 나타나면 누구나 그것이 금성임을 알 수 있다.

어느 날 초저녁 서쪽 하늘에 갑자기 나타난 금성은 며칠간은 금방 서쪽 지평선 아래로 지기 때문에 오래 관측할 수 없다. 그러나 이때부터 금성은 밝기가 점점 더 밝아지며 동쪽 별자리 방향으로 빠르게 이동한다. 별자리는 서쪽으로 지는 시각이 하루에 4분씩 빨라지지만 금성은 이보다 빠르게 동쪽을 향해 움직이므로 금성이 서쪽 지평선 아래로 지는 시각은 계속해서 늦어진다. 이 과정은 3~4개월에 걸쳐서 일어나는데 금성이 최대한 동쪽으로 이동하게 되면 밤 11시가 다 돼서야 금성은 서쪽 지평선 아래로 진다.

그러나 금성은 갑자기 방향을 서쪽으로 틀어서 움직이기 시작한다. 이때부터 금성은 밝기도 조금씩 어두워지고 서쪽 지평선 아래로 지는 시각도 빨라진다. 1~2개월 안에 금성은 초저녁에 서쪽 지평선 아래로 사라져서 보이지 않는다. 이 일련의 과정에서 밤 12경인 한밤중까지 금성이 하늘에 보이는 날은 없다.

금성이 새벽녘 동쪽 하늘에 나타날 때도 비슷한 과정이 반복된다. 어느 날 갑자기 태양이 뜨기 직전 동쪽 하늘에 아주 밝은 별이 나타난다면 금성임을 쉽게 알 수 있다. 이때부터 금성은 뜨는 시각이 점점 빨라져서 새벽녘에는 꽤 높은 하늘에서 빛나고 있을 때도 있지만, 뜨는 시각이 느려지면 새벽녘 동쪽 하늘에서 보이지 않는다. 금성이 밤 12시 이전에 뜨는 예는 없기 때문에 동쪽 하늘에서 관측이 가능한 시기라 해도 한밤중에 금성을 볼 수는 없다.

수성도 금성과 마찬가지로 한밤중에 볼 수 없다. 더구나 수성은 밝

금성과 태양이 독자적으로 지구를 돌고 있다면 금성이 A위치에 있고 태양이 B위치에 있을 수 있기 때문에 한밤중에도 관측돼야 한다. 그런데 금성과 지구가 태양을 돌고 있다면 어떤 경우에도 금성이 한밤중에 볼 수 없게 된다. 천동설(지구중심설)에서는 이 문제를 설명하기 위해 특별하면서도 아주 창의적인 가정을 하게 된다.

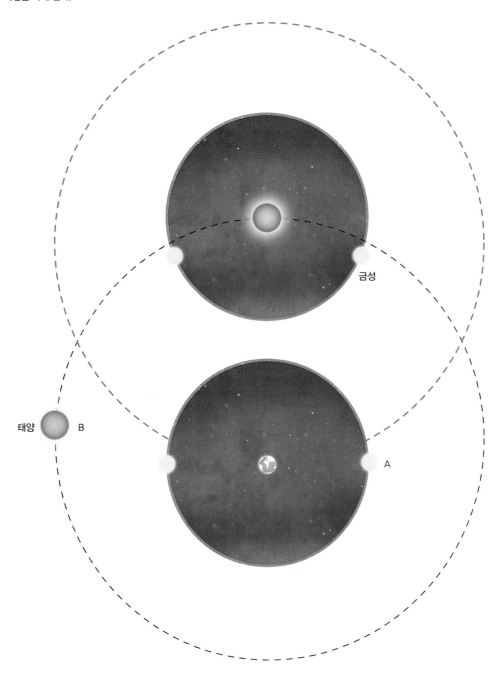

금성

태양 B

A

지도 않을 뿐만 아니라, 초저녁이나 새벽녘에 보일 때도 아주 낮은 고도에서 며칠만 관측되기 때문에 수성의 정체를 확인하는 것조차 쉽지 않다. 그래서 수성을 한 번도 보지 못한 천문학자도 많다.

하늘이 지구를 하루에 한 바퀴씩 돌고 있으므로 하늘에 떠 있는 천체들도 매일 지구를 돌고 있다. 그리고 태양은 별자리 사이를 하루에 조금씩 움직인다. 따라서 우리가 한밤중에 어떤 별자리나 별을 보려면 태양과 많이 떨어져 있어야 한다. 특정 별자리와 태양이 이루는 각도가 90도 이상이 되면 이 별자리를 한밤중에 관측할 수 있다. 태양은 별자리 사이를 한 바퀴를 도는 데 1년이 걸리므로, 별자리들은 1년을 주기로 태양과의 각도가 커졌다 작아졌다 반복한다. 따라서 별자리 별로 1년에 반은 한밤중에 관측이 가능하고 반은 한밤중에 관측이 불가능하다. 이것은 모든 천체에 해당하기 때문에 일 년 중에 언젠가는 한밤중에 볼 수 있어야 한다.

그런데 수성과 금성은 절대로 한밤중에 볼 수가 없다. 그렇다고 수성과 금성이 움직이는 속도가 태양과 같아서 항상 제자리에 있는 것도 아니다. 왜 수성과 금성은 한밤중에 보이는 날이 없는 것일까? 이것은 천동설을 주장하던 천문학자들이 이해하고 설명할 수 없었던 골치 아픈 '행성의 문제' 중의 하나였던 것이다.

금성이 지구 안쪽 궤도에서 태양을 돌고 있다는 지동설(태양중심설)로는 금성의 위치가 태양과 일정한 거리 안에서만 변하므로 금성이 한밤중에 보이지 않는다는 점을 쉽게 설명할 수 있다. 반면, 금성을 한밤중에 볼 수 없다는 사실은 천동설이 풀어야 할 숙제로 남았다.

이것은 꽉★금성을 한밤중에 볼 수 있는 날은 없다. 금성은 초저녁 서쪽 하늘에서 보이는 때가 몇 개월 있었고, 새벽녘 동쪽 하늘에서 보이는 날이 몇 개월 있을 뿐이다.

초저녁 동쪽 하늘에 갑자기 나타난 밝은 별의 정체는 무엇일까?

천구에서 태양이 일 년 동안 움직이는 길을 황도라 하고, 황도에 위치한 별자리가 황도 12궁이다. 그런데 이 황도 12궁 사이를 움직이는 천체가 또 있다. 화성, 목성, 토성도 태양처럼 황도 12궁의 별자리 사이를 움직인다. 태양과 달리 이 세 행성은 한밤중에도 관측이 가능하므로 별자리 사이의 움직임을 아주 자세하게 관찰할 수 있다. 그런데 이 세 행성의 움직임은 태양과 다른 점이 있다. 태양은 계절에 따라 속도에 약간의 차이가 있을 뿐 항상 서쪽에서 동쪽 방향의 별자리 쪽으로만 이동한다. 또한 태양은 1년이 지나면 다시 같은 별자리로 돌아온다. 반면, 이 세 행성은 보통 때는 서쪽에서 동쪽 별자리로 움직이는데 가끔씩 거꾸로 움직일 때가 있다.

황도 12궁의 별자리에 속해 있는 일등성으로는 쌍둥이자리의 카스토르와 폴룩스, 사자자리의 레굴루스, 처녀자리의 스피카, 전갈자리의 안타레스, 황소자리의 알데바란 등 6개가 있다. 이 6개의 일등성 중 가장 밝은 별이 0.77등급인 알데바란이고 다음이 0.86등급인 안타레스다. 그리고 이 두 별이 속한 황소자리와 전갈자리는 각각 겨울과 여름의 대표 별자리기 때문에 서로 정반대에 있다. 따라서 두 별이 밤하늘에 동시에 떠 있는 경우는 없다. 하지만 행성이 가장 밝게 보이는 시기에 초저녁 하늘에서 원래 별자리에 이방인처럼 등장하는 행성을 쉽게 찾을 수 있다.

밝은 별이 하나도 없는 삼각
형자리와 양자리(위),물고기
자리와 양자리 사이에 나타
난 목성과 토성(아래).

토성과 목성은 별자리 사이를 어떻게 이동할까?

토성은 초저녁 동쪽 하늘에 등장할 때 가장 밝아지는데 이때의 밝기가 약 0.2등급이므로 황도 12궁의 어떤 별보다도 밝다. 반면에 초저녁 서쪽 하늘에서 보일 때는 밝기가 가장 어두워져 0.8등급 정도 되는데 이것은 황소자리의 알데바란이나 전갈자리의 안타레스와 비슷한 밝기다. 어쨌든 토성은 1년 동안 밝기 변화 정도가 0.6등급의 차이밖에 나지 않고 밝기도 황도 12궁의 일등성들과 비슷하기 때문에 초보자가 밝기를 이용해 토성이라고 예측하는 것은 쉽지 않다. 황도 12궁에 위치한 별자리 모양을 기억하고 있어야만 이방인처럼 나타난 토성을 구분할 수 있다.

토성은 2년 6개월에 걸쳐서 황도 12궁 사이로 하나씩 하나씩 매우 느리게 이동한다. 즉 황도 12궁의 별자리를 거치며 한 바퀴 돌아 제자리로 오는 데 약 30년이 걸린다. 밝기도 일등성들과 비슷하고 밝기 변화도 크지 않기 때문에 일반인이 별자리 사이에서 토성의 움직임을 알아차리기는 쉽지 않다. 그러나 토성도 갑자기 별자리 사이를 거꾸로 움직이는 역행 운동을 하다가 다시 서쪽에서 동쪽으로 움직이는 순행 운동을 한다. 따라서 초저녁 동쪽 하늘에 새롭게 나타난 밝은 별을 몇 개월간 지속적으로 관측하면 토성을 금세 알아차릴 수 있다.

초저녁 동쪽 하늘에 처음 모습을 드러낸 목성의 경우 −2.9등급까지 밝아지기 때문에 황도 12궁에 속한 별자리의 별보다는 최소 10배 이상 밝고, 항성 중 가장 밝은 별인 큰개자리의 시리우스보다도 2배 이상 밝게 빛난다. 따라서 목성이 황도 12궁의 어느 별자리에 있든 초저녁 동쪽 하늘에 제 모습을 나타내면 이것이 항성이 아니라 행성임을 쉽게 알 수 있다.

목성이 별자리 사이를 움직이는 속도는 토성에 비해 훨씬 빠르다.

양자리에 위치한 토성과 목성(위), 황소자리로 이동한 목성과 토성(아래). 서쪽에서 동쪽으로 움직이는 목성의 이동 속도가 토성에 비해 2배 이상 빠르기 때문에 목성이 토성을 추월해 토성보다도 동쪽에 위치하고 있다.

초저녁 동쪽 하늘에 모습을 드러낸 이후 목성은 매일 조금씩 서쪽 별자리로 움직이는 역행 운동을 한다. 그러다가 어느 날부터 목성은 다시 동쪽 별자리로 움직이는 순행 운동을 한다. 1년이 지나 다시 초저녁 동쪽 하늘에 나타난 목성은 황도 12궁의 별자리에서 동쪽으로 하나 이동해 있다. 예를 들어 2011년 9월 중순 초저녁에 목성이 보일 때는 양자리에 있지만, 1년쯤 지나 2012년 10월 중순 초저녁 동쪽 하늘에 있는 목성은 황소자리에서 보인다.

목성은 1년마다 황도 12궁의 별자리에서 하나씩 이동하므로 약 12년 만에 다시 같은 별자리에서 관측된다. 목성은 매년 서쪽에서 동쪽 방향의 별자리로 이동하기 때문에 우리는 목성이 동쪽으로 움직일 때 순행이라 하고 일시적으로 서쪽으로 움직일 때를 역행이라고 한다.

별자리 사이를 방황하는
붉은 별의 정체는 무엇일까?

태양이 진 후 동쪽 지평선 위의 황도 12궁 별자리에서 유난히 붉게 보이는 별이 보이기 시작하는 때가 있다. 밝기도 −1.9등급이나 되기 때문에 황소자리의 알데바란이나 전갈자리의 안타레스보다도 5배 이상 밝게 빛난다. 따라서 황도 12궁의 별자리에 새로운 별이 나타났음을 쉽게 짐작할 수 있다. 화성이다. 그런데 이 붉은 별을 며칠 동안 관찰해 보면 다른 별들과 달리 별자리 사이를 움직이고 있다. 방향은 동쪽에서 서쪽이다. 이 움직임은 모든 별들이 매일 동쪽 하늘에서 서쪽 하늘로 움직이는 일주 운동과는 다르다. 물론 화성도 매일 밤 동쪽 하늘에서 서쪽 하늘로 움직이는 일주 운동을 한다. 그런데 화성은 일주 운동 말고도 또 다른 움직임이 있다.

화성이 초저녁 동쪽 하늘에 처음 모습을 드러냈을 때 어떤 별과 뜨는 시각이 같아도, 며칠이 지나면 화성은 그 별의 동쪽으로 이동하기 때문에 뜨는 시각에서 차이가 난다. 며칠 전 같은 시각에 떴던 별보다 화성이 더 빨리 뜨고 남중 시각도 더 빨라지는 것이다. 화성은 별자리 사이를 빠르게 움직이기 때문에 일반인들도 일주일 정도만 지나면 별자리 사이에서 화성의 위치가 변해 있음을 쉽게 알아차릴 수 있다.

초저녁 동쪽 하늘에서 나타난 화성이 별자리 사이를 동쪽에서 서쪽으로 이동(역행)하는 속도는 점점 느려져서 어느 날 그 움직임이 며칠간 관측되지 않는다. 화성의 움직임이 멈춘 것이다. 그러나 며칠 후 화성은 별자리 사이를 다시 움직이기 시작한다. 그런데 움직임의 방향은 반대다. 즉 화성이 이때부터는 매일 밤 조금씩 서쪽에서 동쪽으로 별자리 사이를 움직이는 것(순행)이다. 황도 12궁의 별자리에서 하나씩 움직이는 데 토성은 약 2.5년, 목성은 약 1년 걸리지만, 화성은 약 2개월이면 별자리를 하나씩 이동할 수 있다. 화성이 얼마나 빨리 움직이는지를 대강 짐작할 수 있다.

토성이 초저녁 동쪽 하늘에 모습을 보인 후 다시 초저녁 같은 시각에 다시 보이기까지는 약 378일이 걸리지만, 목성은 약 399일 만에 초저녁 동쪽 하늘에 다시 모습을 나타낸다. 반면에 화성은 2년이 넘게 걸려서 약 780일 후에나 초저녁 동쪽 하늘에 다시 관측된다. 이 과정에서 행성의 밝기가 변하는데 화성은 가장 드라마틱한 연출을 한다. 화성은 초저녁 동쪽 하늘에 보일 때의 밝기가 −1.9등급 정도고 초저녁 서쪽 하늘에 보일 때의 밝기는 1.4등급 정도다. 같은 행성인데도 밝기는 20배 이상 어두워진다. 한편 목성은 이 밝기 차가 2배 정도밖에 나지 않고 토성은 밝기 차를 느끼기 어려울 정도다.

이처럼 황도 12궁의 별자리에 나타나는 화성은 밝기의 변화를 예측하기 어려울 정도로 크기 때문에 많은 천문학자들을 괴롭혔다. 천문학자들을 가장 골치 아프게 했던 것이 이 화성의 움직임이었다.

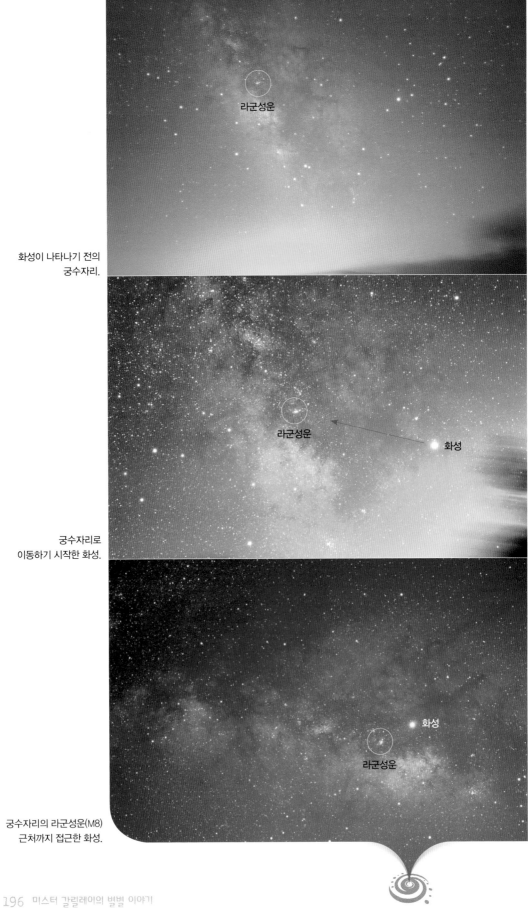

화성이 나타나기 전의
궁수자리.

라군성운

궁수자리로
이동하기 시작한 화성.

라군성운   화성

궁수자리의 라군성운(M8)
근처까지 접근한 화성.

화성

라군성운

행성은 어떻게 역행할 수 있을까?

별자리를 구성하는 항성은 매일 지구를 한 바퀴씩 도는 한 가지 움직임만 관측된다. 지구를 도는 방향은 동쪽에서 서쪽 방향이다. 물론 별은 지구를 한 바퀴 도는 데 정확히 하루가 걸리지 않고 약 23시간 56분이 소요된다. 그래서 항성은 매일 동쪽에서 뜨는 시각이 약 4분씩 빨라진다. 그렇지만 항성은 모두 일 년 내내 똑같은 운동을 하므로 별자리의 모양이 변하지 않고 별자리의 상대 위치도 일정하게 유지된다.

반면에 태양, 달, 행성은 매일 지구를 한 바퀴 도는 운동 이외에 또 다른 움직임이 있다. 태양, 달, 행성은 별자리 사이를 매일 조금씩 움직인다. 그나마 태양과 달은 별자리 사이를 움직이는 방향이 한 방향(서쪽에서 동쪽)뿐이고, 매일매일의 움직임도 거의 일정하기 때문에 다음 날 어디에 위치할지를 예측할 수 있다. 천문학자들이 가장 골치 아파했던 문제는 바로 행성의 움직임이었다. 행성은 별자리 사이를 움직이는 방향이 원칙적으로는 서쪽에서 동쪽 방향인데 가끔씩 동쪽에서 서쪽 방향으로 움직일 때가 있었고, 어느 쪽으로 움직이든 그 속도도 일정하지 않았다. 그래서 행성의 움직임을 예측하기가 매우 어려웠다.

천동설을 믿었던 고대의 천문학자들은 행성의 역행과 속도 변화를 설명하기 위해 많은 연구를 거듭한 끝에 하나둘씩 가설을 세웠다. 프톨레마이오스는 그때까지 알려진 많은 가설을 정리해 『알마게스트』라는 책을 출판했다. 이 책은 천동설을 수학적으로 체계화시킨 것인데 주요 내용은 다음과 같다.

첫째, 지구는 행성 천구의 중심이 아니라 약간 빗겨진 곳에 위치한다.

도형에서 원은 중심으로부터 거리가 일정한 점들의 집합이다. 어떤 천체가 일정한 속도로 원 운동을 하고 원의 중심에 지구가 위치하고 있다면, 지구에서 볼 때 어떤 천체까지의 거리는 항상 똑같고 하늘에서 움직이는 속도도 일정해야 한다. 그러나 행성이 움직이는 속도는 일정하지 않았을 뿐만 아니라 달과 태양은 미세하지만 때에 따라 크기도 달라지고 있었다.

천체는 반드시 원 운동을 해야 한다는 명제를 포기할 수 없었던 이들은 지구가 행성 또는 달이 돌고 있는 원의 중심으로부터 약간 떨어진 곳에 위치한다고 생각했다. 이렇게 하면 행성이 일정한 속도로 원 운동을 하더라도 지구에서 볼 때는 하늘에서 움직이는 속도가 다르게 느껴지는 것이 가능하다. 물론 지구와 원 운동하는 달까지의 거리도 달라지는 것이 가능해지므로 달의 크기 변화를 충분히 설명할 수 있다. 이 부분은 케플러와 뉴턴을 거치면서 행성이 원 궤도가 아니라 타원 궤도를 돌고 있다는 것으로 밝혀짐으로써 현재는 자연스럽게 설명이 가능한 부분이지만, 2000년 전의 천문학자들이 행성의 운동을 설명하기 위해 지구가 원의 중심이 아닌 곳에 위치한다는 아주 창의적인 가정을 한 것이다. 이것이 케플러가 타원 궤도의 법칙을 발견하는 데 영향을 미쳤을 것으로 생각한다.

둘째, 행성들은 단순한 원운동을 하는 것이 아니라 주전원을 따라 회전하며 이 주전원의 중심이 이심원을 따라 지구를 돌고 있다.

만약 달 주위를 빠르게 도는 천체가 있다고 가정하면 이 천체의 움직임은 하늘에서 어떻게 나타날까? 이 천체는 달을 돌고 있지만 달이 지구 주위를 돌고 있으므로 이 천체도 지구를 돌게 된다. 달을 돌고 있는 이 천체를 지구에서 바라보면 이 천체가 달의 앞을 지나는 시기에는 동쪽에서 서쪽으로 움직이고, 이 천체가 달의 뒤쪽으로 돌아갔을 때는 서쪽에서 동쪽으로 움직일 것이다. 이것은 상상에 불과하지만 행성의 운동에 있어서 이와 비슷한 개념을 도입한 것이 주전원 이론이다.

보이지는 않지만 하늘의 어떤 중심을 행성들도 돌고 있다고 생각했다. 행성이 돌고 있는 작은 원이 주전원이다. 이 주전원은 하늘에 떠 있기 때문에 지구에서 바라보면 행성은 서쪽에서 동쪽으로 움직일 수 있고, 일정 기간은 움직임에도 불구하고 움직이지 않는 것처럼 느껴지는 때도 있다. 물론 동쪽에서 서쪽으로의 움직임도 관측된다. 그런데 이 주전원의 중심은 커다란 원 궤도 상을 따라 지구를 돌고 있으므로 긴 시간을 주기로는 행성들이 모두 서쪽에서 동쪽으로 움직이는 기본 운동인 순행을 해야 한다. 즉 행성은 주전원을 따라 주전원의 중심은 이심원을 따라 일정하게 지구를 돌고 있다고 생각함으로써, 지구에서 볼 때 행성이 순행과 역행을 번갈아 하면서 지구를 공전하는 현상을 설명할 수 있었다.

물론 지금 생각해 보면, 중심에 아무것도 없는데 행성이 스스로 어떤 중심을 회전한다는 주전원 이론은 엉터리다. 그러나 이런 가정을 함으로써 행성의 역행(별자리 사이를 동쪽에서 서쪽으로 움직임)이 어떻게 해서 일어날 수 있는지를 설명한 것이다. 현재를 살아가는 우리도 블랙홀이 직접 보이지 않지만 그 존재를 확신하고 있다. 보이지 않는 블랙홀 주위를 도는 천체를 통해서 말이다. 어쨌든 주전원을 통해 행성의 역행과 순행이 가능해질 수 있는 이론을 만들어낸 것 자체가 대단한 창의력과 상상력이라고 할 수 있다.

셋째, 수성과 금성이 돌고 있는 주전원의 경우, 주전원의 중심은 지구와 태양의 중심을 이은 직선상에 위치하고 있다. 이 주전원의 중심이 지구를 도는 각속도와 태양이 지구를 도는 각속도는 항상 같다.

화성, 목성, 토성이 돌고 있는 주전원의 중심이 지구를 도는 각속도는 태양이 지구를 도는 각속도와 차이가 있다. 그래서 이 행성들은 태양과 같은 방향에 위치할 수도 있고, 태양과 정반대 위치할 수도 있다. 즉 지구-태양-행성이 이루는 각도는 0도에서 180도까지 얼마든지 변할 수 있다. 따라서 행성들은 초저녁이나 한밤중에도 어느 곳에서 볼 수 있다. 수성과 금성은 다른 행성들과 마찬가지로 역행을 하지만 항상

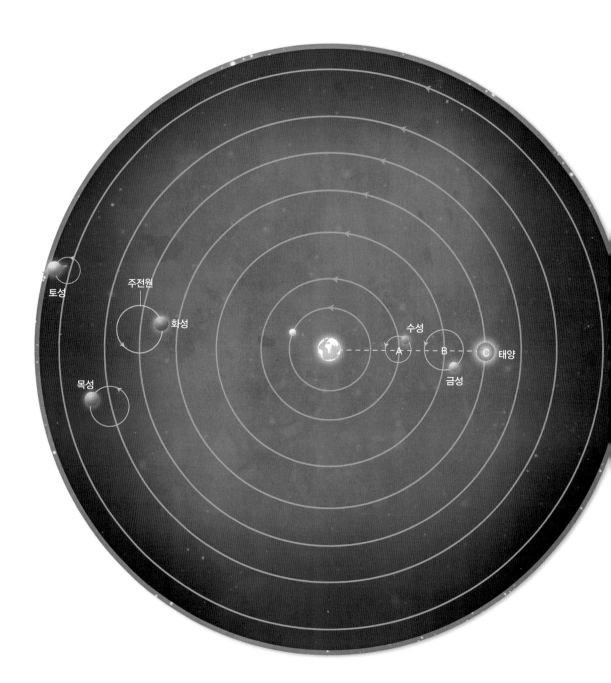

천동설에서 행성의 운행 체계

주전원의 이동 속도. 화성이나 목성의 주전원은 태양과 상관없이 독자적으로 지구 주위를 돌기 때문에 태양과 같은 쪽에 위치할 수도 있고 태양의 반대편에도 위치할 수 있다. 그래서 화성이나 목성은 한밤중에 보이는 날도 있고 새벽에만 보이는 날도 있다. 반면에 수성과 금성의 주전원은 태양이 지구를 도는 각속도와 같은 각속도로 지구를 돌기 때문에 항상 태양과 같은 쪽에 위치하게 된다. 그래서 수성과 금성은 한밤중에 관측되는 날이 없다.

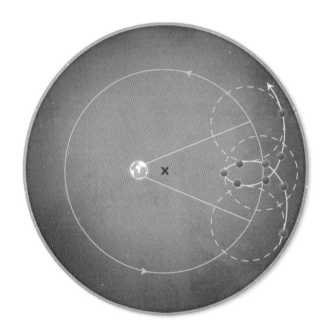

지구중심설(천동설)에서 지구는 원의 중심에서 약간 떨어진 곳에 위치하고 행성은 주전원을 돌며 지구를 돌기 때문에 밤하늘에서 움직이는 속도가 일정하지 않고 거꾸로 움직이는 날도 있게 된다.

태양을 따라 다니기 때문에 태양과 이루는 각도 범위 내에서만 관측된다. 천동설에서 해결해야 할 또 하나의 숙제가 금성이 한밤중에 보이지 않는 현상이다.

회전목마를 타고 있으면 바깥쪽에 있는 말은 안쪽에 위치한 말보다 빠르게 돌지만, 회전목마의 중심에서 바라볼 때 두 말 사이에 이루는 각은 항상 똑같다. 두 말이 움직이는 속도는 다르지만 회전 각속도가 똑같기 때문이다. 이와 같은 개념으로 수성과 금성이 돌고 있는 주전원의 중심이 지구와 태양을 이은 선 상에 위치한 채로 같은 각속도로 지구를 돌고 있다면, 수성과 금성은 태양과 정반대되는 위치로 이동할 수 없다.

결과적으로 지구와 태양을 이은 선과 지구와 금성을 이은 선이 이루는 각도는 일정한 범위를 벗어날 수 없게 된다. 즉 금성은 태양의 정반대쪽에 위치할 수 없으므로 한밤중에 볼 수 없다. 수성의 주전원은 금성의 주전원보다도 작기 때문에 태양과 이루는 최대 이각이 금성의 최대 이각보다 훨씬 작다. 따라서 수성 또한 한밤중에 볼 수 없을 뿐만 아니라, 초저녁 서쪽 하늘이나 새벽녘 동쪽 하늘에 보일 때도 수성이 태양과 떨어지는 각이 작기 때문에 관측이 쉽지 않고 관측 기간도 무척 짧다. 따라서 수성과 금성은 회전목마에 있는 말들처럼 움직임이 제한되어 있기 때문에 태양 주위를 벗어나지 못하고 태양을 따라 다닐 수밖에 없다고 생각한 것이다.

이로써 천동설은 행성들이 역행할 수 있다는 이론적 토대를 마련할 수 있었을 뿐만 아니라, 수성과 금성이 한밤중에 보이지 않는 이유도 설명할 수 있었다. 단순히 하늘이 지구를 한 바퀴 도는 것이 아니라 우리가 생각하는 것보다 훨씬 복잡한 체계를 갖고 운동한다고 받아들였다. 그렇게 해야만 그때까지 밝혀진 행성들의 관측 결과를 설명할 수 있었다. 하지만 프톨레마이오스의 천동설은 천체의 운동을 역학적으로 설명하기보다는 정밀한 관측 결과를 설명하기 위해 만들어낸 도구에 불과했다. 관측 결과를 설명하기 위해 짜 맞추는 과정에서 설명이 복잡해졌고 주전원의 개수도 계속해서 늘어나야만 했다.

행성은 언제 역행할까?

태양을 비롯한 하늘의 모든 천체가 하루에 한 바퀴씩 지구를 도는 것이라고 하든, 지구가 하루에 한 바퀴씩 스스로 돌기 때문에 하늘의 모든 천체들이 지구를 도는 것처럼 보이는 것이라고 하든, 하루의 천문 현상을 설명하는 데 문제가 없었다. 그래서 하늘이 돈다는 천동설이 맞는 이론인지 땅이 돈다는 지동설이 맞는 이론인지 하루의 천문 현상만으로는 쉽게 결론을 낼 수 없다.

문제는 며칠 또는 몇 년을 주기로 반복하거나 변하는 행성들의 운동이었다. 프톨레마이오스는 행성의 역행 운동이 어떻게 가능한지를 설명하기 위해 하늘에서 스스로 어떤 중심을 돌고 있다는 주전원 이론을 사용했다. 그런데 주전원 이론으로 행성들의 운동을 모두 설명하려고 주전원의 크기, 주전원의 원 운동 속도, 주전원의 개수가 계속 늘어나는 바람에 너무 복잡해졌다. 따라서 보통 사람들이 주전원 이론을 바탕으로 행성들의 운동을 예측하는 것은 거의 불가능했다.

코페르니쿠스는 지구가 세상의 중심이 아니라 태양이 중심에 위치하고 지구가 태양을 돌고 있으며, 수성과 금성도 지구보다 안쪽에서 태양을 돌고 있다고 생각했다. 화성, 목성, 토성은 지구보다 바깥에서 태양을 돌고 있다고 생각했다. 물론 별은 토성보다도 훨씬 먼 곳에 위치하고 있고 움직임이 없다고 생각했다. 태양을 비롯한 행성과 별들이 하루에 한 바퀴씩 지구를 도는 것처럼 보이는 현상은 지구가 스스로 하루에 한 바퀴씩 자전한다고 생각하면 간단해진다.

지구가 태양을 1년에 한 바퀴씩 돌게 되면 태양이 1년을 주기로 별자리 사이를 움직이는 것처럼 보인다. 그래서 계절별로 별자리가 바뀌는 것 또한 태양중심설인 지동설로 쉽게 설명할 수 있다. 그뿐만 아니라 수성과 금성이 한밤중에 보이지 않는 이유도 두 행성이 지구를 도는 것이 아니라 태양을 도는 것이라고 생각하면 쉽게 설명할 수 있다. 왜냐하면 수성과 금성이 절대로 지구를 사이에 두고 태양의 반대편에 올 수가 없기 때문이다. 수성과 금성의 운동을 설명하기 위한 새로운 가정을 하지 않아도 되는 것이다.

문제는 행성들의 역행에 대한 설명이다. 코페르니쿠스보다 1800년을 앞서 아리스타르코스가 지동설을 주장했지만 행성의 역행을 설명하지는 못했다. 서쪽에서 동쪽 방향으로 별자리 사이를 이동하던 행성이 왜 갑자기 방향을 바꿔서 동쪽에서 서쪽으로 움직이는 것일까?

고속도로를 따라 남쪽 방향으로 두 대의 차가 달리고 있다. 한 대는 앞에서 가고 있고 다른 한 대는 뒤에서 따라 가고 있다고 가정해 보자. 그런데 뒤에 있는 차의 속도는 시속 100km, 앞에 가고 있는 차의 속도는 시속 80km인 경우를 생각해 보자. 뒤 차에 타고 있는 사람이 앞에

가는 차의 움직임을 멀리 보이는 야산을 배경으로 관찰하면 어떻게 보일까? 앞 차도 느리지만 남쪽 방향으로 움직이고 있으므로 정지해 있는 야산과 비교했을 때 앞 차는 남쪽 방향으로 이동하고 있다. 그런데 뒤 차가 앞 차를 추월하게 되면서 앞에 있던 차는 야산을 배경으로 했을 때 남쪽 방향이 아닌 북쪽 방향으로 움직이는 것처럼 보인다. 차는 분명히 남쪽으로 움직임에도 불구하고 추월하는 옆 차에서 봤을 때 거꾸로 움직이는 것처럼 보이는 것이다.

지구를 포함한 행성이 태양 주위를 도는 속도에는 많은 차이가 있다. 태양에서 가까운 곳에 위치한 수성이 가장 빠르고, 태양과의 거리에 비례해서 금성, 지구, 화성, 목성, 토성의 순으로 속도가 느려진다. 행성들이 제각각의 속도로 돌다 보면 태양, 지구, 행성이 일직선을 이루는 때가 있다. 화성, 목성, 토성 등 외행성(지구 바깥 궤도를 도는 행성)의 경우 이때가 지구와의 거리가 가장 가까워지기 때문에 밝게 보이고 초저녁에 동쪽 하늘에서 관측된다. 그리고 이때를 전후해서 외행성이 동쪽에서 서쪽으로 움직이는 역행 운동을 하게 된다. 지구와 화성 모두 서쪽에서 동쪽으로 움직이고 있지만 좀 더 빠르게 움직이고 있는 지구에서 볼 때 화성은 동쪽에서 서쪽으로 움직이는 것처럼 보이는 것이다. 마치 고속도로에서 뒤에 있던 빠른 차가 느린 차를 앞지를 때 이 느린 차가 뒤로 움직이는 것처럼 보이는 현상과 같은 일이 하늘에 떠 있는 행성의 움직임에서 관찰되는 것이다. 코페르니쿠스는 이러한 행성의 역행, 순행, 유(행성이 움직임이 정지하는 일) 현상이 행성이 서로 다른 속도로 태양을 돌고 있기만 하면 쉽게 설명될 수 있음을 찾아낸 것이다.

행성이 역행한다는 사실을 설명하기 위해 천동설 지지자들은 주전원이라는 새로운 개념을 도입했을 뿐만 아니라 이 주전원의 속도와 크기 등을 마음대로 변경해 하늘에서 일어나는 현상을 설명하려 했다. 반면에 코페르니쿠스의 지동설은 주전원이 없어도 지구의 공전 속도와

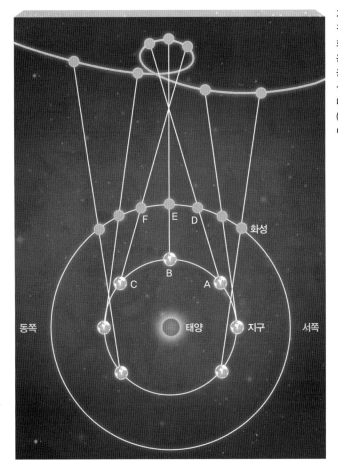

지구가 A에서 C까지 움직이는 동안(서에서 동) 화성도 D에서 F까지 같은 방향(서에서 동)으로 움직이지만, 지구가 화성보다 빨리 움직이기 때문에 화성은 거꾸로 (역행, 동에서 서) 움직이는 것처럼 보인다.

행성의 공전 속도가 다르기 때문에 행성이 거꾸로 도는 것처럼 보이는 것을 설명할 수 있다. 행성은 실제로 복잡하게 운동하지 않고 단순히 태양을 서로 다른 속도로 돌고 있다. 다만 지구에서 볼 때 복잡하게 움직이는 것처럼 보일 뿐이다.

그러나 코페르니쿠스의 지동설로도 설명되지 않는 부분이 있었다. 바로 행성의 미세한 속도 변화였다. 행성은 실제로 타원 궤도를 따라 태양을 돌고 있기 때문에 공전 속도가 일정하지 않은데, 코페르니쿠스는 행성들이 원 운동을 한다고 생각했던 것이다. 행성의 공전 궤도가 타원이라는 것은 후세의 천문학자 요하네스 케플러가 밝혔다.

지구중심설(천동설)에서 망원경으로 행성을 관측한다고 생각해 보자. 금성은 항상 태양 앞쪽에만 위치할 수 있기 때문에 둥근 모양의 금성이 관측될 수 없고, 지구로부터의 거리 차에 의한 크기 변화도 그리 크지 않다. 화성은 둥근 모양으로 관측될 것이지만 지구로부터의 거리가 항상 비슷하기 때문에 크기 변화는 거의 없어야 한다.

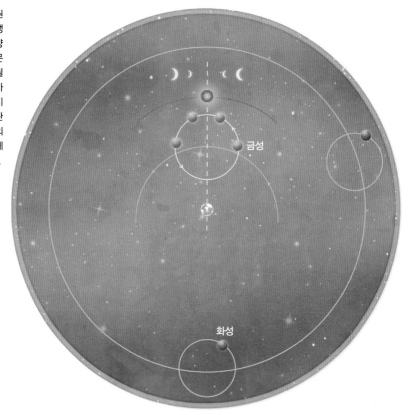

천동설과 지동설의 논쟁을 끝낼 수 있는 결정적 증거는 무엇일까?

지구중심설(천동설)에서 금성이 태양과 상관없이 지구를 자유롭게 돈다면 금성은 하늘에서 태양의 반대편에 위치할 수 있다. 이렇게 되면 금성은 한밤중에도 볼 수 있고 보름달처럼 둥근 모양일 것이다. 그러나 금성을 한밤중에 볼 수 없다는 사실을 설명하기 위해 천동설에서는 금성의 주전원이 태양과 같은 각속도로 지구를 돌고 있다고 주장한다. 그러므로 금성은 태양과 지구 사이에서 일정한 각 사이에만 놓인다. 그 결과로 금성이 초저녁 서쪽 하늘과 새벽녘 동쪽 하늘에서 몇 시간만 관측된다는 사실을 설명할 수 있지만, 금성은 절대로 보름달 모양을 나타낼 수 없다. 그런데 만약 금성의 모습이 보름달 모양으로 보이는 때가 있다면 지구중심설(천동설)의 설명이 틀리다는 것을 증명할 수 있는 것이다.

반면에 태양중심설(지동설)에서는 지구에서 볼 때 금성이 태양 너머에 있을 수 있으므로 보름달 모양으로 보이는 것이 가능하다. 또한 금성이 태양을 돌다 보면 지구와 아주 가까워질 때가 있고 아주 멀어지는 것이 가능하다. 금성이 지구와 가까이 있을 때는 크게 보이고 멀리 떨어져 있을 때는 작게 보일 것이다. 즉 금성의 크기가 눈에 띄도록 변한다면 태양중심설(지동설)이 맞다고 결론을 낼 수 있을 것이다. 왜냐하면 지구중심설의 구조에서는 금성과 지구 사이의 거리가 크게 변하지 않기 때문이다.

따라서 보름달 모양의 금성을 관측하거나 금성의 크기가 얼마나 변하는지를 측정할 수 있다면, 금성이 지구를 도는지 아니면 태양을 도는지 판단할 수 있다. 즉 이것이 지구중심설이 맞는지 태양중심설이 맞는지를 판단할 수 있는 결정적 증거다. 그래서 코페르니쿠스를 비롯한 많은 천문학자들이 금성의 모양 또는 크기 변화를 관측하기 위해 수도 없이 금성을 쳐다봤다. 그러나 아무리 금성을 열심히 쳐다봐도 금성은 별처럼 점으로만 보였지 모양이 보이지 않았다. 이것은 약 1800년간 하늘이 도는지 땅이 도는지에 관한 논쟁이 지속된 이유다.

세상의 중심

지구의 자전을

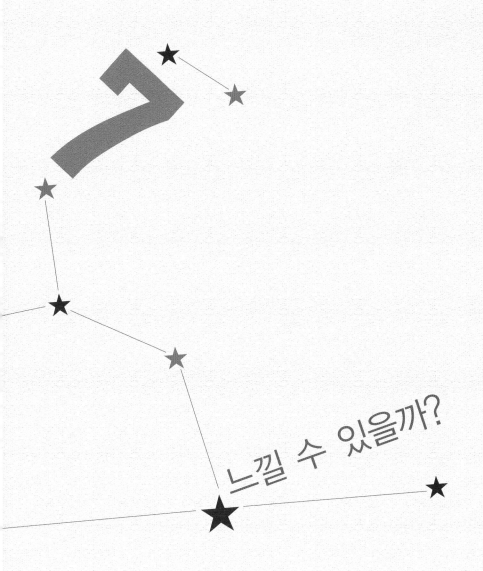

느낄 수 있을까?

세상의 중심

지구의 자전을 느낄 수 있을까?

천동설이 오랫동안 진리로 받아들여진 이유는 무엇일까?

하늘의 모든 천체가 지구를 중심으로 돈다는 천동설은 우리의 일상 경험과 일치하는 것이 많았기 때문에 쉽게 받아들여질 수 있었다. 물론 행성의 움직임을 설명하기 위해 복잡한 주전원 체계를 도입한 것이 현대의 우리가 봤을 때 억지스럽게 느껴질 수 있겠지만, 이것이 천동설이 틀릴 수 있다는 것을 강력히 암시하는 것은 아니다.

보름달 모양의 금성이 관측될 때 비로소 천동설이 틀렸다고 할 수 있고, 별의 연주시차가 관측돼야만 태양중심설인 지동설이 옳다는 것을 증명할 수 있는 것이다. 그러나 금성이 지구에 가장 접근하더라도 금성의 크기는 시각으로 채 1분(60분=1도)이 되지 않았다. 보름달(0.5도)보다 크기 면에서 30분의 1밖에 되지 않고, 면적으로는 약 1000분의 1 정도여서 맨눈으로는 그 크기를 구분할 수 없다.

달과 금성. 아무리 밝아져도 금성은 맨눈으로 볼 때 그 크기를 알 수 없고 별처럼 점으로만 보인다.

별까지의 거리 또한 엄청 멀기 때문에 가장 가까운 센타우루스자리의 프록시마조차도 연주시차가 1초(3600분의 1도)도 되지 않았다. 별의 연주시차는 맨눈은 물론이고 갈릴레이의 망원경으로도 구분할 수 없을 만큼 작았다. 실제로 금성은 지구에서 5000만km 이상 떨어져 있고, 프록시마는 40조km 이상 떨어져 있다.

행성의 겉보기 운동만으로는 지구중심설이 맞는지 태양중심설이 맞는지를 알 수 없었고, 인류는 역사의 대부분에서 맨눈으로 하늘을 쳐다볼 수밖에 없었기 때문에 천동설이 틀렸다는 것도 지동설이 맞다는 것도 증명할 수 없었다. 그래서 많은 사람들은 오랫동안 천동설을 믿고 있었다.

이것만은 꼭! ★ 감각적으로 지구가 돌고 있다는 것을 전혀 느낄 수 없었고, 맨눈으로는 지동설의 결정적 증거를 찾을 수 없었기 때문에 천동설이 오랜 기간 진리로 받아들여졌다.

망원경에서 배율보다 중요한 것이 무엇일까?

밤하늘에서 아무리 가까운 천체라 해도 어두우면 보이지 않고, 멀리 떨어져 있어도 밝으면 관측할 수 있다. 즉 모든 천체는 거리가 아니라 천체의 밝기에 의해 보이는지 안 보이는지 결정된다.

잠자기 전 침대에 누워 있을 때 엄마가 전등을 끄는 순간에는 방안이 깜깜해서 아무것도 보이지 않다가, 시간이 5분쯤 지나면 방 안의 책상과 벽지 등이 보이기 시작한다. 우리 눈의 동공은 평상시에 2mm 정도지만 주변이 어두워지면 크기가 7mm까지 커져서 많은 빛을 받아들이기 때문이다. 즉 어두운 대상이라 해도 빛을 충분히 모을 수만 있다면 볼 수 있다. 그러나 눈의 동공은 7mm 이상 커질 수 없다. 그래서 밤하늘에서 맨눈으로 볼 수 있는 천체의 밝기도 한계가 있다. 불빛이 전혀 없는 깜깜한 밤하늘에서 약 6등급의 천체까지만 맨눈으로 관측이 가능하다. 물론 도심의 하늘에서는 주변이 밝아서 동공이 7mm까지 커지지 않으므로 3등급 정도의 별까지는 관측이 가능하다.

예를 들어 평균 밝기가 6등급보다 어두운 천왕성은 깜깜한 밤하늘에서 맨눈으로는 보이지 않지만, 거문고자리의 직녀성은 0등급으로 밝기 때문에 서울의 하늘에서도 맨눈으로 잘 보인다. 지구에서 천왕성까지는 약 26억km 떨어져 있고 직녀성까지는 약 260조km 떨어져 있다. 직녀성이 천왕성보다 약 10만 배 멀리 떨어져 있어도 직녀성은 맨눈으로 보이고 천왕성은 보이지 않는 것이다.

더 어두운 천체를 관측하기 위해서는 빛을 모아서 동공으로 보내줘야 한다. 망원경의 대물렌즈나 반사경이 빛을 모아 주는 구실을 한다. 빛을 많이 모아 주려면 대물렌즈나 반사경의 집광력은 빛을 모아 주는 지표가 되는데 얼마나 어두운 천체까지 볼 수 있는지를 좌우한다. 즉 망원경의 한계 등급은 대물렌즈나 반사경의 크기가 좌우하는 것이지

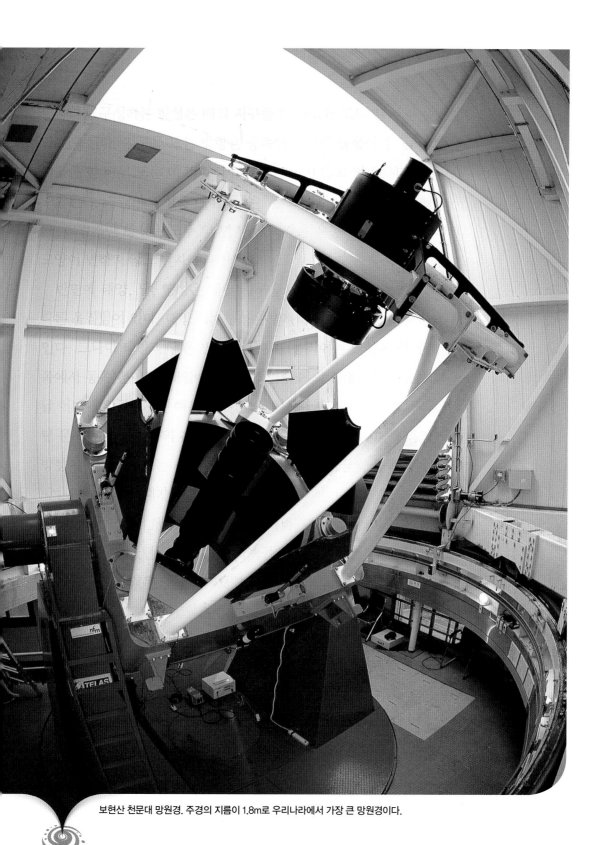

보현산 천문대 망원경. 주경의 지름이 1.8m로 우리나라에서 가장 큰 망원경이다.

배율과는 상관없다.

　망원경의 배율은 접안렌즈(아이피스)의 초점 거리에 따라 바뀌므로 얼마든지 변경이 가능하다. 따라서 망원경의 배율이 높다고 더 좋은 망원경은 아니다. 망원경을 선택할 때 배율이 아니라 얼마나 어두운 천체까지 볼 것인지를 감안해 주경(렌즈, 반사경)의 크기를 결정하는 것이 가장 중요하다.

허블 우주 망원경은 왜 우주에 설치됐을까?

'반짝 반짝 작은 별(Twinkle, Twinkle, Little Star)'이라는 동요에서처럼 밤하늘의 별은 실제로 반짝일까? 밝기가 변하는 변광성도 있지만 별 대부분은 밝기가 일정하기 때문에 반짝거림이 거의 없다. 그런데 지상에서 바라보는 별은 대기의 영향으로 반짝이며, 바람이 불고 대기가 불안한 날은 별이 더욱더 반짝이는 것처럼 보인다. 반짝이는 별은 망원경으로 관측했을 때 상이 정확하게 맺히지 않기 때문에 해상도가 떨어진다.

　모든 천체는 거리가 2배 멀어질 때마다 4배씩 밝기가 어두워진다. 어두운 천체란 거리가 먼 천체라고도 할 수 있다. 빛의 속도는 한정돼 있기 때문에 거리가 먼 천체에서 오는 빛이 우리 눈에 들어오기까지는 그만큼 오랜 시간이 걸린다. 예를 들어 태양 빛이 지구에 도달하는 데는 약 8분이 걸리지만, 직녀성의 빛이 우리 눈에 들어오기까지는 약 26년이 걸린다. 즉 지금 보고 있는 태양의 모습은 항상 8분 전 과거의 모습이며, 직녀성의 빛은 26년 전에 출발한 것이다. 직녀성이 지금 사라진다고 해도 우리는 26년 후에나 그 사실을 알 수 있다.

　안드로메다은하는 약 220만 광년 떨어져 있으므로 이 은하의 빛이 지구에 도달하기까지는 220만 년이 걸린다. 즉 우리가 관측하는 안드로메다은하의 모습은 220만 년 전 과거의 모습이다. 10억 광년 떨어진

이정만은 똑. ★ 유효구경: 대물렌즈나 반사경이 지름. 유효구경이 크면 빛을 받아들이는 면적이 넓어지므로 망원경의 밝기가 증가한다. 한계등급: 망원경으로 볼 수 있는 가장 어두운 별의 등급.

허블 우주 망원경. 주경의 지름이 2.5m지만 대기의 영향을 받지 않기 때문에
지상의 어떤 망원경보다도 강력한 성능을 발휘하며 우주의 비밀을 캐고 있다.

천체를 관측한다면 10억 년 전 과거의 모습을 보는 것이다. 점점 더 어두운 천체, 즉 점점 더 멀리 떨어진 천체를 관측해 보면 언젠가는 우주의 끝 또는 태초의 순간을 관측할 수 있을 것이다. 태초의 순간을 관측할 수 있다면 비로소 우주가 어떻게 탄생하게 되었는지 등 근본적인 물음의 답을 찾을 수 있을 것이다. 이것이 천문학자들의 꿈꾸는 궁극적인 목표다.

망원경은 구경이 커질수록 더 많은 빛을 모을 수 있기 때문에 더욱 더 어두운 천체를 관측할 수 있다. 그런데 망원경의 성능을 떨어뜨리는 주범은 대기의 움직임이다. 대기의 영향을 최소화하기 위해서 대기가 안정된 곳에 많은 천문대가 설치되고 있지만 한계가 있다. 대기의 영향을 전혀 받지 않는 곳은 대기권 밖 우주다. 그래서 우주로 나간 망원경이 바로 허블 우주 망원경이다.

허블 우주 망원경은 1990년에 우주에 설치되었으며 주경의 크기는 2.4m다. 이것은 10m 크기의 켁 망원경은 물론이고, 1949년 팔로마산 천문대에 설치된 5m 망원경보다도 작지만 그 성능은 지구 상의 어떤 망원경보다도 뛰어나다. 대기의 영향을 받지 않기 때문이다. 이제 허블 우주 망원경도 성능을 다해 새로운 우주 망원경인 제임스 웹 우주 망원경(JWST)이 발사를 앞두고 있다.

갈릴레이는 망원경으로
달과 태양을 관측하고 무엇을 느꼈을까?

인류의 역사 대부분에서 우리는 맨눈으로 하늘을 쳐다봤다. 그래서 지구에서 가장 가까운 달의 표면조차도 제대로 관측할 수 없었다. 하지만 기술의 발달로 망원경을 가지게 됐고 하늘에 대한 새로운 창이 열렸다. 망원경을 처음 발명한 사람은 '한스 리페르헤이'지만 망원경의 성능을 향상시켜 천체를 처음으로 관측한 사람은 갈릴레이였다.

갈릴레이가 망원경으로 처음 관측한 것은 달이었다. 그런데 달의 표면은 많은 철학자들이 믿고 있었던 것처럼 부드럽고 균일하고 완벽한 구형의 모습이 아니었다. 달의 표면이 산과 계곡으로 이루어진 지구의 표면과 다르지 않았다. 갈릴레이는 달의 표면에 존재하는 크레이터(운석 충돌 구덩이)와 산을 발견함으로써 천체가 순수하고 완벽해 불변의 것이라는 아리스토텔레스의 생각이 틀렸음을 깨닫는 계기가 됐다.

갈릴레이는 망원경을 통해 태양 표면에서 어두운 부분인 흑점을 처음으로 발견했다. 그런데 이 흑점들은 이리저리 불규칙하게 움직일 뿐

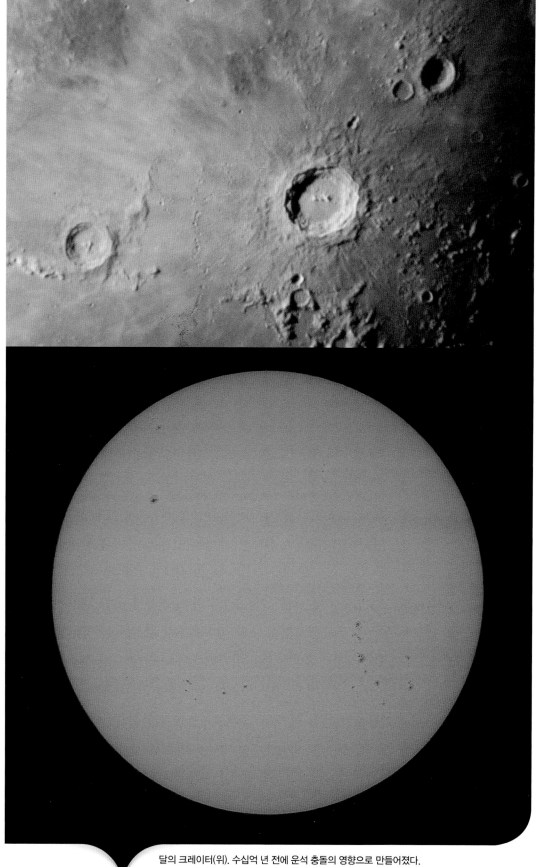

달의 크레이터(위). 수십억 년 전에 운석 충돌의 영향으로 만들어졌다.
태양의 흑점(아래). 흑점의 이동을 관측해 태양이 자전하고 있다는 것을 알 수 있었다.
망원경으로 관측한 달의 표면과 태양의 모습은 더 이상 변함이 없는 천상의 세계가 아니었다.

만 아니라, 몇몇은 한데 모였다가 흩어지고, 몇몇은 여러 개로 쪼개지지며 무척 기이한 모양으로 바뀌었다. 하늘에 떠 있는 천체에서 무엇인가가 생성되고 소멸되는 현상이 태양 표면에서 일어나고 있었던 것이다. 갈릴레이는 관측을 통해 흑점이 움직이는 것은 태양이 자전하기 때문이라는 결론을 내렸다.

지구를 돌지 않는 천체를 본 적이 있는가?

갈릴레이의 망원경이 초저녁 동쪽 하늘에서 가장 빛나는 별인 목성을 향했다. 갈릴레이는 목성 옆에서 맨눈으로는 보이지 않던 4개의 천체를 발견했다. 그런데 이 4개의 천체는 밤하늘의 어떤 천체보다도 빠르게 상대적 위치가 바뀌고 있었다. 특히 목성에서 가장 가까운 하나의 천체는 초저녁에 목성의 왼쪽에 위치하고 있었는데, 한밤중에 목성 앞을 지나더니 새벽녘에는 목성의 오른쪽으로 위치를 바꾼 것이 아닌가! 다음날 저녁에는 이 천체가 목성 뒤를 돌아 다시 목성의 왼쪽으로 움직이고 있었다. 분명이 이 천체는 목성을 돌고 있었다.

그런데 목성에서 가장 가까운 이 천체뿐만 아니라 나머지 3개의 천체도 목성을 한 바퀴 도는 데 시간이 더 걸릴 뿐 목성을 돌고 있는 것이 분명했다. 목성의 위성을 갈릴레이가 처음으로 발견한 것이다. 이 4개의 천체를 '갈릴레이의 4대 위성'이라 하는데 이들이 바로 이오, 에우로파, 칼리스토, 가니메데다. 목성의 위성 발견 자체도 중요하지만 계속된 관측을 통해 이 위성이 지구가 아닌 목성을 돌고 있다는 사실을 밝혀낸 것이 천문학적으로는 더 중요한 사건이다.

왜냐하면 그때까지 밤하늘의 모든 천체는 지구를 도는 것처럼 보였기 때문이다. 갈릴레이는 망원경으로 지구가 아닌 다른 천체를 도는 최초의 천체를 관측한 것이다. 지구가 세상의 중심이고 하늘의 모든 천체는 지

목성의 표면(위). 기체로 된 목성의 대기에는 지구보다 큰 소용돌이(대적반)가 있다.
목성 주위를 도는 작은 별(아래). 망원경으로 관측했을 때 목성 바로 근처에서 보이는 4개의 어두운
천체는 별이 아니라 목성을 도는 위성이었다.

★**목성의 위성들**★

목성의 직경이 14만 2964km이므로 이오는 목성에서 가장 멀리 떨어져 있을 때도 목성 크기의 약 3배밖에 떨어져 있지 않다.

이오(자전주기 1.77일, 5.0등급, 42만 2000km)
에우로파(자전주기 3.55일, 5.3등급, 67만 1000km)
가니메데(자전주기 7.15일, 4.6등급, 107만km)
칼리스토(자전주기 16.69일, 5.7등급, 188만 3000km)

구를 돈다는 천동설의 대전제가 틀릴 수 있음을 발견한 것이다.

또한 이것은 달이 지구를 돌고 다시 지구가 태양을 돌 수 있는 가능성을 발견한 것이기도 했다. 천동설을 주장하던 사람들은 지구를 돌고 있는 달을 거느린 채 지구가 태양을 도는 것이 불가능하다고 생각했다. 그러나 목성이 지구를 돌든 아니면 태양을 돌든 목성의 위성들은 분명히 목성 주위를 돌고 있었다. 어떤 천체가 자신을 돌고 있는 천체가 있다 해도 그 자신은 다른 천체를 돌 수 있다는 것을 보여주는 좋은 예가 바로 목성이다.

초저녁 동쪽 하늘의 화성과
초저녁 서쪽 하늘의 화성은 어떤 차이가 있을까?

갈릴레이는 망원경으로 토성을 관측하며 토성에 귀가 달려 있다고 표현했다. 토성의 고리가 있다는 사실을 몰랐고, 갈릴레이가 관측에 사용한 망원경은 성능이 그리 좋지 못했기 때문에 토성의 고리가 마치 귀가 달린 행성처럼 보였던 모양이다. 여러분도 배율이 낮은 망원경으로 토성을 관측한다면 갈릴레이와 비슷한 느낌을 받을 수 있다.

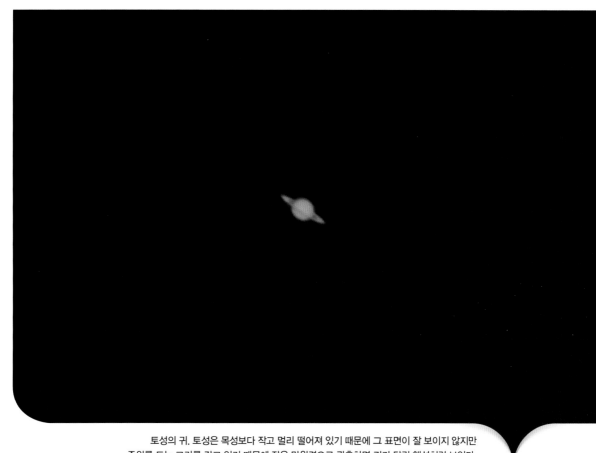

토성의 귀. 토성은 목성보다 작고 멀리 떨어져 있기 때문에 그 표면이 잘 보이지 않지만 주위를 도는 고리를 갖고 있기 때문에 작은 망원경으로 관측하면 귀가 달린 행성처럼 보인다.

갈릴레이가 망원경으로 관측한 화성은 목성처럼 위성이 있지도 않고, 토성처럼 고리가 있지도 않은 단순히 둥근 모양이었다. 그런데 관측 시점에 따라 크기가 달라졌다. 화성이 초저녁 동쪽 하늘에서 관측될 때 망원경으로 볼 수 있는 화성의 크기와 초저녁 서쪽 하늘의 화성을 망원경으로 보았을 때의 크기가 달랐다. 초저녁 동쪽 하늘에서 관측되는 화성이 초저녁 서쪽 하늘에서 관측되는 화성보다 훨씬 크게 보였다. 물론 목성과 토성의 크기도 초저녁 동쪽 하늘에서 관측될 때와 초저녁 서쪽 하늘에서 관측될 때 차이가 있었지만, 화성은 그 정도가 훨씬 더 심했다.

망원경으로 화성을 관측할 때 가장 크게 보일 때와 가장 작게 보일 때의 차이는 4배 이상이지만, 목성은 가장 커졌을 때 가장 작을 때의 크기보다 50% 정도 더 크게 보인다. 토성은 크기 변화가 더 작은데 그 차이가 30%에 불과하다. 화성이 지구를 돌고 있다면 화성과 지구 사이의 거리가 항상 비슷하기 때문에 화성의 크기가 이렇게 많이 변할 수 없다. 모든 천체가 지구를 돌고 있다는 지구중심설(천동설)이 틀리다는 증거가 망원경을 통해 수집됐다.

금성이 보름달 모양으로 보이는 때가 있을까?

밤하늘에서 밝게 빛나는 금성을 망원경으로 관측하니 항상 둥근 모습을 보여주는 화성, 목성, 토성과 달리 상의 변화(모양 변화)가 있었다. 상의 변화는 달과 아주 비슷해서 초승달의 모양부터 반달의 모양, 보름달의 모양으로 관측됐다. 그런데 달의 모양 변화와는 다른 점이 하나 있었다.

금성의 경우 모양에 따라 크기가 다르게 관측됐다. 달은 모양이 변해도 크기가 바뀌지 않는다. 보름달의 크기나 반달의 크기나 초승달의 크기가 모두 똑같다. 반면에 금성은 보름달 모양으로 관측될 때는 그 크기가 무척 작았고, 반달 모양이 되면서 오히려 그 크기가 커지더니 초승달 모양으로 보일 때는 보름달 모양일 때의 크기에 비해 무려 6배 정도까지 커졌다.

달은 지구를 돌고 있기 때문에 지구와 달의 거리가 일정하다. 그렇기 때문에 달은 모양이 변해도 눈으로 보이는 크기는 바뀌지 않는다. 금성도 지구를 돌고 있다면 금성과 지구의 거리에 큰 차이가 없기 때문에 금성의 겉보기 크기가 이렇게 차이가 나서는 안 된다. 하늘의 모든 천체가 지구를 돌고 있다는 것이 천동설인데 금성은 지구를 돌지 않는 것일까?

세상의 중심은 태양일까, 지구일까?

행성이 지구를 공전하느냐 태양 주위를 공전하느냐의 문제는 행성의 겉보기 크기에 변화가 얼마나 있느냐에 달려 있다. 우리 눈은 어떤 천체의 크기를 실제의 크기가 아니라 거리를 감안한 겉보기 크기를 인식한다. 아무리 큰 천체라도 멀리 떨어져 있으면 작게 보이고, 작은 천체라도 가까이 있으면 크게 보인다. 태양은 달보다 약 400배나 크지만 태양은 달보다 크게 보이지 않는다. 왜냐하면 태양은 달보다 약 400배 멀리 떨어져 있기 때문이다. 전갈자리의 알파성 안타레스는 태양보다도 약 700배나 크지만 지구에서 약 600광년이나 떨어져 있기 때문에 점으로밖에 보이지 않는다.

천동설(지구중심설)이 옳아서 모든 행성이 지구를 돌고 있다면 지구와 행성 사이의 거리는 항상 비슷하다. 따라서 행성의 겉보기 크기는 변하지 말아야 한다. 반면에 지구를 포함한 모든 행성이 태양을 돌고 있다면 지구와 행성 간의 거리는 때에 따라서 많은 변화를 보인다. 즉, 지구와 행성 간의 거리가 변하면 지구에서 바라볼 때 행성의 겉보기 크기에도 변화가 생겨야 한다.

그러나 안타깝게도 망원경이 발명되기 전까지 수천 년 동안 금성과 화성을 관측했지만 행성들도 항상 별처럼 점으로밖에 보이지 않았다. 지동설을 증명할 방법이 없었던 것이다. 코페르니쿠스도 지동설을 이용해 그럴듯하게 행성의 운동을 설명한 것이지 지동설을 증명한 것은 아니다.

갈릴레이는 화성과 금성의 크기가 가장 클 때와 가장 작을 때 몇 배씩 차이가 난다는 것을 발견했다. 화성과 금성이 지구를 돌고 있지 않음을 증명한 것이다. 태양을 중심에 두고 금성, 지구, 화성이 태양을 돌면, 태양을 사이에 두고 지구와 화성이 반대 방향에 배치될 때와 지구

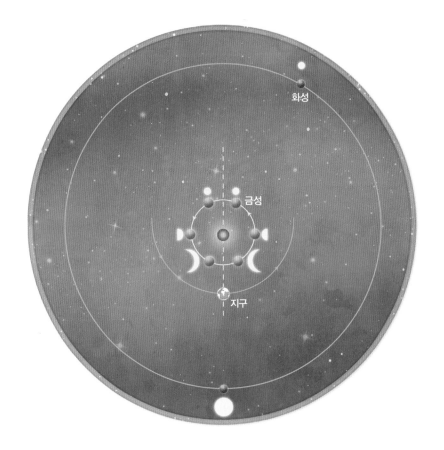

크기가 달라지는 화성과 보름달 모양의 금성. 망원경으로 본 화성은 지구와 가까울 때 크게 보였고, 보름달 모양으로 보일 때 작게 보였다. 지구가 중심이 아니라 태양을 중심에 두고 행성이 돌기 때문에 가능한 일이다.

와 행성이 같은 방향에서 태양을 돌 때 지구와 행성 간의 거리에서 많은 차이가 발생하기 때문에 지구에서 본 행성의 크기가 변할 수 있는 것이다.

행성이 달처럼 상이 생겨서 모양이 변하느냐 아니면 항상 보름달 모양으로만 보이느냐도 이 행성이 태양을 어떻게 또는 어떤 위치에서 돌고 있는지를 결정하는 중요한 문제다. 행성은 태양 빛을 반사시켜 빛나는 것이기 때문에 태양—지구—행성의 배치나 지구—태양—행성의 배치가 이루어질 때는 행성이 보름달처럼 둥근 모양으로 관측된다. 화성, 목성, 토성은 천동설에서도 태양보다 먼 곳에서 지구를 공전하는 것으로 설명하기 때문에 항상 둥근 모습을 나타낼 수 있다.

금성은 다르다. 천동설의 행성 배치에서 금성은 태양보다 안쪽에서

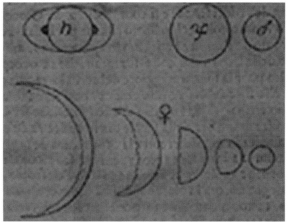

갈릴레이가 사용했던 망원경과 금성 관측 후 그린 금성의 모습. 망원경 크기기 작았음에도 불구하고 정확한 관측 기록을 남겼다.

지구 주위를 돈다고 주장한다. 더군다나 금성이 한밤중에 보이지 않는 것을 설명하기 위해 금성이 도는 주전원의 중심이 항상 태양 쪽에 위치한다. 그렇기 때문에 금성은 지구를 중심에 두고 태양과 반대편에 위치할 수 없다. 즉 금성은 어떤 경우에도 보름달의 모양으로 나타날 수 없다. 그러나 지동설에서는 금성이 지구보다 안쪽 궤도에서 태양을 돌고 있으며 공전 속도도 지구와 다르다. 따라서 금성이 태양을 사이에 두고 지구와 반대쪽에 위치할 수 있다. 즉 보름달 모양을 한 금성을 발견할 수 있다.

따라서 금성이 보름달 모양으로 관측되느냐 그렇지 못하느냐가 천동설이 맞느냐 지동설이 맞느냐의 결정적 증거가 될 수 있다. 갈릴레이가 보름달 모양의 금성을 망원경으로 관측함으로써 천동설이 틀리고 지동설이 맞다는 것을 증명했다.

앞서 살펴본 것처럼 갈릴레이는 초승달 모양을 한 금성의 크기가 보름달 모양을 한 금성의 크기보다 몇 배 더 크다는 사실을 확인했다. 금성의 크기가 변한다는 사실로부터 금성이 지구 주위를 돌지 않고, 보름달 모양의 금성을 관측하면서 금성이 태양 뒤에 위치할 수 있다는 사실을 알려줬다.

세상의 중심은 지구가 아니라 태양이었다.

천상의 세계와 지상의 세계

아리스토텔레스의 지구중심설(천동설)은 우주를 지상 세계와 천상 세계로 나눈다. 맨눈으로 볼 때 천상 세계는 지상 세계에서 볼 수 있는 현상이 나타나지 않아 근본적으로 다른 영역이라고 생각했다. 하늘에 있는 천체는 시작과 끝이 없는 원 운동을 하고 지상 세계는 시작과 끝이 확실한 직선 운동을 한다고 주장했다. 그래서 지구가 태양 주위를 돈다는 공전이나 자전하는 일은 있을 수 없다고 생각하고 지구 주위를 하늘이 돈다는 천동설이 오랫동안 진리가 됐다.

하지만 갈릴레이는 천체 사이에서 벌어지는 현상을 단지 관측할 수 없다는 이유로 변화가 없다고 말하는 것은 논리적으로 옳지 않다고 생각했다. 자신이 직접 만든 망원경으로 오랫동안 하늘을 관측하면서 그동안 천체에 관해 생각했던 천동설에 대해 의심을 품었다. 갈릴레이는 『두 우주 체계에 관한 대화』에서 두 사람의 대화 형식을 빌려 아리스토텔레스를 따르는 철학자들의 주장이 옳지 않다고 이야기했다. 아리스토텔레스를 대변하는 심플리치오와 갈릴레오를 대변하는 살비아티의 대화를 살펴보자.

심플리치오: 지구가 하늘에 있는 천체와 다르다는 것을 보여 주는 강력한 증거가 있습니다. 첫째, 생성과 소멸 그리고 변화하는 물체들은 그렇지 않은 물체와 완전히 다릅니다. 지구 표면에는 무언가가 생겼다가 변화를 거듭하며 결국 소멸합니다. 하늘에 있는 천체는 변화가 없습니다. 따라서 지구는 하늘에 있는 천체와 다르지요. 실제로 관찰해 보니 지구 위의 물체들은 끊임없이 생겼다가 소멸되는 일이 반복된다는 점을 알 수 있었어요. 반면, 하늘에 있는 천체는 그렇지 않았습니다. 옛날 기록을 찾아보거나 우리의 눈으로 직접 관측해 보더라도 천체는 변화가 없습니다. 따라서 하늘에 떠 있는 모든 천체는 영원히 불변하지요.

지구에서는 풀, 나무, 동물들은 태어나서 자라고 결국 죽습니다. 또한 구름, 바람, 태풍, 폭풍우, 화산 폭발, 지진 등의 현상도 일어나지요. 한마디로 말해 지구 표면의 생김새가 지속적으로 바뀝니다. 그러나 천체에는 이런 변화를 찾아볼 수 없습니다. 천체는 늘 같은 위치에 있으며 생김새도 변하지 않지요. 옛날 사람들은 이들에게서 어떤 변화도 찾아볼 수 없다고 했습니다.

살비아티: 자네와 같이 직접 눈으로 볼 수 있는 것만 믿는다면 중국이나 아메리카는 천체와 마찬가지겠군. 이탈리아에서 일어난 변화는 늘 볼 수 있겠지만, 중국이나 아메리카에서 일어나는 변화는 직접 본적이 없을 테니까 말일세. 자네 논리대로 라면 거기에는 어떤 변화도

일어나지 않겠군.

심플리치오: 중국이나 아메리카에서 일어나는 일을 제 눈으로 직접 본 것은 아니지만, 그곳에서 일어난 변화를 믿을 만한 근거가 있습니다. 어떤 대상의 전체에 대해 성립하는 이론은 각 부분에도 똑같이 적용할 수 있습니다. 즉 중국이나 아메리카는 우리와 마찬가지로 지구에 있으므로 변화가 일어난다고 말할 수 있습니다.

살비아티: 다른 사람의 말이나 추론을 믿는 것보다 자네가 직접 관찰하면 더 좋지 않겠나? 자네는 왜 직접 관찰하지 않나?

심플리치오: 중국이나 아메리카는 매우 멀리 있어서 직접 볼 수가 없습니다. 매우 멀리 있어서 변화가 있더라도 우리 눈으로는 직접 볼 수 없지요.

살비아티: 그러면, 자네가 한 말에 관해 생각해 보게! 자네의 주장이 은연중에 거짓임이 드러났어. 자네는 지구에서 가까운 곳에서 일어나는 변화는 볼 수 있지만 아메리카나 중국에서 일어나는 일은 매우 멀어서 볼 수가 없다고 했지. 달은 아메리카나 중국보다 수백 배 더 멀리 떨어져 있으니 변화를 감지하기가 더욱 어렵지. 그런데 소식을 듣고 아메리카에 어떤 일이 일어났다고 믿으면서 달로부터 어떠한 소식도 전달받지 못한다는 이유만으로 변화가 없다고 믿는다는 말인가? 하늘에서 아무런 변화를 찾을 수 없었던 것은, 설령 어떤 변화가 있더라도, 매우 멀어서 볼 수 없었기 때문이지. 다른 사람들도 마찬가지일 테니 자네에게 일러줄만한 게 없지 않은가! 그래서 하늘에는 아무런 변화가 없다고 생각하는 것은 옳지 않네. 지구에서 일어나는 것처럼 눈으로 봐야만 어떤 변화가 있다고 믿는 것은 안 되지.
우리가 사는 이 시대에 하늘을 관측한 결과는 모든 철학자들을 만족시킬 거야. 어떤 별에서 일어나는 생성, 소멸과 같은 변화를 감지했어. 천문학자들이 달보다 훨씬 먼 곳에서 혜성이 생기고 사라지는 것을 관측했던 거지. 1572년과 1604년에 두 개의 별이 새로 생겼는데, 이들은 행성들보다 더 멀리 있다는 건 확실해. 그뿐만 아니야. 망원경으로 태양의 표면을 관찰했더니 어둡고 짙은 물체들이 구름처럼 생겼다가 사라지곤 했어. 알 수 없는 그 물체들 가운데 어떤 것은 아프리카와 아시아를 합친 것보다 더 컸어. 심플리치오! 아리스토텔레스가 이와 같은 것을 보았다면 뭐라고 할 것 같은가?

갈릴레이의 사고 실험

지구가 하루에 한 바퀴씩 자전하면서 태양 주위를 1년에 한 바퀴씩 공전한다고 했을 때, 옛날 사람들이 생각하기에 설명되지 않는 6가지 현상이 있었다.

1) 우리가 지구와 함께 빠르게 돌고 있다면 평상시에도 바람이 항상 강하게 불어야 되는데 그렇지 않다.

2) 허공에 떠 있는 새들이 지구의 자전으로 서쪽으로 뒤처져야 하는데 새들은 자유로이 하늘을 날 수 있다.

3) 동쪽으로 던진 공보다 서쪽으로 던진 공이 훨씬 멀리 날아간 후 땅에 떨어져야 될 것 같은데 똑같은 거리에 떨어진다.

4) 높은 곳에서 떨어뜨린 물체는 지구 자전으로 인해 서쪽으로 치우쳐서 떨어져야 되는데 똑바로 떨어진다.

5) 회전하는 지구에는 동물과 물체가 붙어 있을 수 없어야 하는데 그렇지 않다.

6) 지구가 태양 주위를 공전한다면 별들의 연주시차가 관측돼야 하는데, 그런 별이 하나도 없다.

위 6개의 의문 중 현대의 과학적 상식으로 판단했을 때 지동설에 대한 반박으로 가장 논리적인 것은 6번이다. 왜냐하면 지구가 태양 주위를 공전한다면 반드시 연주시차가 관측돼야 하기 때문이다. 그리고 실제로 별의 연주시차는 관측된다. 다만 별까지의 거리가 너무 멀기 때문에 맨눈이나 작은 망원경으로는 관측할 수 없다.

그래서 갈릴레이가 망원경으로 처음 하늘을 관측한 이후 200년이 지나서야 독일의 천문학자 프리드리히 베셀이 별의 연주시차를 처음으로 관측했다. 당대 최고의 관측천문학자였던 티코 브라헤가 끝까지 지동설을 믿지 않았던 이유도 별의 연주시차를 관측할 수 없었기 때문이었다. 갈릴레이는 별까지의 거리를 정확히 알지 못했지만 너무 멀기 때문에 별의 연주시차가 관측되지 않는 것이라고 생각했다.

5번 문제는 지구 중심으로 작용하는 중력이 지구 밖으로 튕겨나가려는 힘(원심력)보다 크기 때문에 그렇다고 쉽게 설명할 수 있다. 그러나 만유인력이나 중력의 개념이 정립된 것은 뉴턴 시대였다. 따라서 갈릴레이 이전 시대 사람들은 이런 의문을 가질 수도 있었을 것이다.

1번부터 4번까지의 생각은 언뜻 그럴 듯 해보이지만 엉터리 또는 아주 단편적인 생각이다. 조금만 더 깊이 생각해 보면 지구가 빠른 속도로 움직여도 이런 일이 벌어지지 않는다는 것을 경험할 수 있고, 관성의 법칙을 알고 있으면 쉽게 이해할 수 있는 부분이다.

야구공을 들고 있는 어떤 학생이 엄마와 함께 시속 300km로 달리는 KTX에 타고 있고, 철로에서 1km쯤 떨어진 곳에서 KTX와 그 안의 학생을 바라보는 사람이 있다고 가정해 보자. 이 KTX가 빠르게 움직이는 지구라고 생각하고 앞에 나온 질문을 다시 떠올려 보자.

첫 번째 빠르게 움직이는 지구에서 왜 항상 바람이 불지 않을까? KTX가 정지하고 있을 때나 시속 300km로 달리고 있을 때나 KTX 내부에 있는 사람에게는 바람이 불지 않는다. KTX 내부에 바람이 불지 않는다고 KTX가 정지해 있다고 주장할 수는 없다. KTX 내부의 공기도 KTX가 움직임에 따라 학생과 똑같은 속도로 이동한다. 따라서 학생은 공기의 흐름을 느낄 수 없다. 즉 KTX가 아무리 빠르게 움직여도 그 안에 탄 학생에게는 바람이 불지 않는다.

지구를 뒤덮고 있는 공기도 지구의 중력에 의해 묶여 있기 때문에 지구와 똑같은 속도로 움직이고 있다. 지구에 탄 사람이나 지구에 묶인 공기나 같은 속도로 자전하기 때문에, 지구 자전으로 인한 강한 바람은 불지 않는다. 갈릴레이는 『두 우주 체계에 대한 대화』라는 책에서 잔잔한 바다 위를 움직이는 배의 선실에서는 배의 움직임과 상관없이 바람이 불지 않을 것이라는 생각을 하며, 평상시에 거센 바람이 불지 않는다고 지구가 자전하지 않는다고 주장하는 것은 잘못됐다고 설명한다.

두 번째 '허공에 떠 있는 새들이 지구 자전으로 서쪽으로 뒤처져야 하는데 새들은 자유로이 하늘을 날 수 있다'는 문제에 대해 생각해 보자. 움직이는 KTX 좌석 위에 파리가 한 마리 앉아 있었다고 생각해 보자. 파리가 날아오르는 순간 파리는 KTX 뒷문에 부딪치고 말까? 아니면 아무 일 없었다는 듯 자유로이 날아다닐 수 있을까? 파리는 KTX가 정지해 있든, 시속 300km로 달리고 있든 상관없이 자유로이 날아다닌다. 마찬가지로 허공으로 날아오른 새들이 서쪽으로 뒤처지지 않고 자유롭게 날아다닌다고 해서 지구가 정지해 있다고 주장하는 것은 논리적으로 맞지 않는 것이다.

세 번째 '동쪽으로 던진 공보다 서쪽으로 던진 공이 훨씬 멀리 날아간 후 땅에 떨어져야 될 것 같다'는 주장에 대해서 생각해 보자. 서쪽에서 동쪽으로 시속 300km의 속도로 달리는 KTX에서 어떤 학생이 공을 던진다고 생각해 보자. KTX의 진행 방향과 같은 동쪽으로 던질 때와 KTX의 진행 방향과 반대인 서쪽으로 같은 크기의 힘으로 공을 던졌을 때 공이 나아간 거리는 똑같을까? 아니면 많은 차이가 날까? 서쪽으로 공을 던졌을 때 공이 바닥에 떨어지기까지의 시간 동안 KTX가 동쪽으로 많이 움직이기 때문에 공이 떨어지는 위치는 동쪽으로 던졌을 때보다 훨씬 멀리 떨어진 곳일 수 있다고 생각할 수 있다.

좀 더 자세히 계산해 보자. 정지한 KTX에서 학생이 공을 서쪽으로 약하게 던졌을 때, 공이 바닥에 떨어지기까지 2초의 시간이 걸리고 날아간 거리는 6m라고 생각해 보자.

시속 300㎞로 서쪽에서 동쪽으로 달리는 KTX에서 학생이 똑같은 힘으로 공을 서쪽으로 던진다고 생각해 보자. 공이 바닥으로 떨어지기까지 2초가 걸리며 6m를 서쪽으로 날아가는데, 그 동안 KTX는 서쪽에서 동쪽으로 166m나 이동한다. 그러므로 공은 서쪽으로 172m 날아간 지점에 떨어질 것이라고 생각할 수 있다. 그런데 이런 일은 일어나지 않는다. KTX가 시속 300km(초속 83m)의 속도로 동쪽으로 움직일 때 학생이 공을 서쪽으로 던져도 공은 6m

밖에 나아가지 못한다. 학생과 공도 KTX와 함께 시속 300㎞의 속도로 동쪽으로 움직이기 때문이다. KTX 밖에 서 있는 소년이 보게 되는 모습을 상상하면 쉽게 이해할 수 있다.

시속 300km로 달리고 있는 KTX 밖에 서 있는 소년이 봤을 때, KTX 안의 학생, 학생의 손에 들린 공 모두 시속 300km로 동쪽으로 움직이고 있다. 이때 KTX의 학생이 공을 서쪽으로 초속 3m의 속도(시속 10.8km)로 던진다. 그러면 학생의 손을 떠난 공은 어떻게 될까? 원래 동쪽으로 시속 300km의 속도로 움직이고 있었는데, 서쪽으로의 속도 10.8km이 새로 생겼으므로 두 속도가 합쳐져서 공은 동쪽으로 289.2km의 속도로 움직인다. 공은 2초 만에 바닥으로 떨어질 것이다. 공이 어디에 떨어지는지 계산해 보자. 학생이 공을 던진 순간부터 공이 바닥에 떨어지는 2초 동안 KTX와 학생은 동쪽으로 몇 m 이동했고, 공은 어느 쪽으로 몇 m 이동했는지를 계산하면 된다. KTX와 학생은 시속 300km(초속 83m)의 속도로 2초 동안 KTX의 이동 방향과 같은 동쪽으로 움직였기 때문에, 학생이 공을 던진 순간의 위치로부터 동쪽으로 166m를 이동한다. 학생에 의해 공은 서쪽 방향으로 던져졌지만 KTX 밖에서 소년이 본 공의 운동 방향은 동쪽이다. 공도 동쪽으로 움직이는 것이다. 다만 그 속도가 KTX보다 조금 느리다. 앞에서 계산한 시속 289.2㎞(초속 80m의 속도)다. 따라서 이 공은 2초 동안 동쪽으로 160m를 움직인 후 기차 바닥에 떨어진다.

KTX 밖의 소년이 봤을 때 공을 던진 학생은 2초 동안 KTX와 함께 동쪽으로 166m를 움직였고, 공은 동쪽으로 160m를 움직였으니까 공이 떨어진 곳은 학생보다 서쪽으로 6m 떨어진 곳이다. KTX 안의 학생이 봤을 때는 단순히 공이 서쪽으로 6m만 날아간 것으로 보일 것이다. 즉 KTX가 서쪽에서 동쪽으로 빠르게 움직이고 있음에도 불구하고 학생이 서쪽으로 던진 공이 움직인 거리(6m)는, KTX가 정지해 있을 때 공을 던졌을 때 공이 서쪽으로 움직인 거리(6m)와 같은 것이다.

마찬가지로 지구가 아무리 빨리 돌고 있어도 서쪽으로 던진 공이나 동쪽으로 던진 공이나 나아가는 거리는 똑같다. 그러므로 이것을 이용해 지구가 도는지 아닌지를 판단할 수는 없다. 이것이 지구가 돈다는 증거도 될 수 없지만 지구가 돌지 않는다는 증거도 될 수 없다.

네 번째 '높은 곳에서 떨어지는 물체는 지구 자전으로 인해 서쪽으로 치우쳐서 떨어져야 되는데 똑바로 떨어진다'가 지구중심설(천동설)의 증거가 될 수 있는지 생각해 보자.

전철의 손잡이에 무거운 가방을 걸어두었는데 가방이 무거워서인지 손잡이 끈이 갑자기 끊어지며 전철 바닥으로 떨어지는 장면을 상상해 보자. 전철 바닥으로부터 가방까지의 높이는 1.5m 정도이며 가방이 전철 바닥에 떨어지는 데 걸리는 시간은 0.5초였다. 전철이 정지하고 있는 상태에서 이런 일이 일어났다면 가방은 당연히 똑바로 떨어질 것이다.

그런데 시속 36km로 달리는 전철에서 똑같은 일이 일어났을 때 가방이 어디로 떨어질지 생각해 보자. 시속 36km의 속도로 달리고 있다면 전철은 1초에 10m씩 앞으로 나아가는 것이다. 전철이 달리고 있어도 1.5m 높이에 있던 가방은 0.5초 만에 전철 바닥까지 떨어지는데, 그동안 전철이 5m를 앞으로 나아가기 때문에 가방은 최초에 매달려 있던 위치에서 5m 뒤의 바닥에 떨어질 것이고 생각할 수 있다. 그러나 실제 현상은 그렇지 않다.

전철이 시속 36km로 달리고 있는 상태라면 전철 속의 사람과 가방도 똑같은 속도로 움직이고 있는 것이다. 가방이 매달려 있던 손잡이가 끊어져 가방이 아래로 떨어지는 순간에도 가방은 계속에서 앞으로 시속 36km의 속도로 움직인다. 물론 전철의 바닥도 같은 속도로 움직인다. 따라서 가방이 전철 바닥에 닿으려는 순간까지(0.5초가 지날 무렵) 전철의 바닥도 앞으로 5m 움직였고, 아래로 떨어지는 가방도 동시에 앞으로 5m 움직였기 때문에 가방이 떨어지는 위치는 손잡이가 있던 바로 그 아래인 것이다. 즉 달리고 있는 전철에서도 가방은 똑바로 떨어지는 것이다. 결론적으로 가방이 똑바로 떨어진다고 전철이 멈춰 있다고 이야기할 수는 없다.

이 상황을 종합해 보면 지구가 돌고 있어도 높은 곳에서 떨어지는 모든 물체는 똑바로 떨어진다. 높은 곳에서 떨어지는 물체가 똑바로 떨어진다고 지구가 돌지 않는다고 주장할 수는 없다. 이런 생각을 논리적으로 설명한 사람이 바로 갈릴레이다. 갈릴레이는 『두 우주 체계에 대한 대화』라는 책에서 잔잔한 바다 위에서 일정한 속도로 움직이는 배와 정지한 배의 선실에서 어떤 물체를 떨어뜨릴 때, 배의 움직임에 상관없이 물체가 똑바로 떨어질 것이라고 생각했다. 이것이 갈릴레이의 대표적인 사고 실험이다.

더 읽으면 좋은 이야기 셋 **3**

인공위성은 어떻게 지구를 계속 돌 수 있을까?

달은 27.3일에 한 바퀴씩 돌고 있는 지구의 유일한 위성이다. 그런데 달보다 안쪽 궤도에서 빠른 속도로 지구를 돌고 있는 위성이 수천 개나 있다. 인류가 우주로 쏘아 올린 인공위성들이다. 밤하늘에서 가끔씩 남북을 가로질러 이동하는 별을 보게 되는데, 이것은 별이 아니라 인공위성이고 달처럼 태양 빛을 반사해서 빛난다.

인공위성은 로켓에 실려서 우주 공간으로 보내진다. 그런데 발사대에 서 있는 로켓의 모습을 보면, 로켓 본체의 크기보다 더 큰 연료통을 달고 있다. 인공위성이 지구를 돌 수 있도록 초기 속도를 부여하는 데 그만큼 많은 에너지가 필요하기 때문이다. 인공위성을 실은 로켓이 발사되는 과정을 보면, 로켓이 어느 정도 높이까지 올라갈 때마다 다 사용한 연료통을 떼어내 무게를 줄이고, 마지막에는 인공위성과 로켓이 분리된다. 로켓과 분리된 인공위성에도 소량의 연료가 실려 있어 미세한 궤도 수정 등에 사용되기도 하지만 그 연료는 절대적으로 적은 양이다.

인공위성은 로켓과 분리되는 순간부터 더 이상 운동 에너지를 공급받을 수 없다. 그럼에도 불구하고 인공위성은 계속해서 지구를 돌고 있다. 통신 위성의 경우 약 3만 6000km의 상공에서 하루에 한 바퀴씩 지구를 돌고 있으므로, 이 인공위성이 하루에 움직이는 거리는 약 26

만 6000km고 속도는 시속 약 1만 1083km다. 통신위성은 매일 지구 주위를 한 바퀴씩 수년 동안 돌고 있으니 연료가 없이도 얼마나 많은 거리를 움직이는지 짐작할 수 있다.

A380 여객기에 아무리 많은 연료를 채워도 서울에서 미국까지밖에 갈 수 없다. 미국을 거쳐 유럽까지 날아가려면 연료를 다시 채워야 한다. 비행기가 4만km 정도인 지구를 한 바퀴 돌려면 여러 번 연료를 공급해 줘야 한다. 그런데 한번 쏘아 올린 인공위성에는 연료를 공급할 수 있는 방법이 없다. 그렇다면 인공위성은 연료 공급 없이 어떻게 수천만 킬로미터를 움직일 수 있는 것일까? 그것은 관성의 법칙 때문이다. 관성이란 외부에서 힘이 작용하지 않는 한 정지한 물체는 계속 정지 상태를 유지하려 하고, 운동하고 있는 물체는 운동 상태를 계속 유지하려는 성질이다. 인공위성이 지구를 돌기 시작하면 계속해서 지구를 돌게 되는 이유도 관성 때문인 것이다.

뉴턴의 물리 법칙 중 첫 번째가 관성의 법칙이지만, 관성의 개념을 먼저 과학적으로 정립한 사람은 갈릴레이다. 관성에 관한 갈릴레이의 주장 이전에는 아리스토텔레스의 운동론이 진리로 받아들여졌다. 아리스토텔레스는 운동하는 물체가 계속해서 운동하기 위해서는 지속적으로 힘이 주어져야 한다고 주장했다. 운동 방향으로의 힘이 더 이상 가해지지 않음에도 불구하고, 인공위성이 몇 년씩 지구 주위를 돌고 있는 것을 생각하면 아리스토텔레스의 생각이 틀리다고 할 수 있다. 그러나 A380 여객기가 연료 보충 없이는 계속해서 하늘을 날 수 없는 것을 생각하면 아리스토텔레스의 생각이 맞는다고 할 수 있다.

인공위성과 A380의 차이는 무엇일까? 바로 마찰력이다. 마찰력은 운동하는 물체의 방향과 항상 반대되는 방향으로 작용해 물체의 운동을 방해한다. 비행기의 경우 비행기와 공기 사이에 마찰력이 작용한다. 즉 공기와의 마찰이 여객기의 운동을 방해하기 때문에 연료 공급 없이는 여객기가 계속해서 운동할 수 없는 것이다. 반면에 인공위성이 움직이는 공간에는 공기가 거의 없기 때문에 마찰력이 생기지 않는다. 즉 인공위성의 운동을 방해하는 마찰력이 거의 없기 때문에 계속해서 지구를 돌 수 있는 것이다.

더 읽으면 좋은 이야기 넷 4

무거운 것과 가벼운 것 중 먼저 떨어지는 것은?

평상시에 무거운 물체와 가벼운 물체가 땅에 떨어질 때, 무거운 것이 더 빠르게 떨어지는 것을 경험한다. 이것은 모든 사람이 언제나 경험하는 것이다. 아리스토텔레스의 운동론에서는 무게를 가진 물체가 본래의 위치인 지표면으로 떨어지는 것이 자연스러운 운동이라고 주장했다. 그리고 무거운 물체는 가벼운 것보다 더 빨리 본래 위치로 돌아가려고 하기 때문에, 동시에 떨어뜨리면 무거운 물체가 더 빨리 땅에 떨어지는 것이 자연스러운 현상이라고 생각했다. '무거운 것이 가벼운 것보다 먼저 떨어진다'는 명제를 진리로 받아들인 것이다.

공기에 의한 마찰 저항이 없다면 무거운 물체와 가벼운 물체가 동시에 떨어질 때, 무거운 물체가 먼저 땅에 떨어지지 않고, 두 물체가 동시에 떨어지는 것이 현대 과학으로 밝혀진 진리다. 실제로 진공 속에서 쇠망치와 깃털을 동시에 떨어뜨린다면 동시에 떨어져야 한다. 1971년 8월 2일 아폴로 15호의 사령관인 데이비드 스콧이 달 표면에서 쇠망치와 깃털을 떨어뜨리는 실험을 실제로 해서 쇠망치와 깃털이 동시에 떨어지는 것을 확인했다.

갈릴레이가 살았던 시대에는 공기의 마찰이 없는 상태에서 실험을 할 수 없었다. 그런데 갈릴레이는 무거운 것이 가벼운 것보다 먼저 떨어진다는 생각이 틀렸음을 어떻게 알았을까? 바로 사고 실험을 통해서다. 사고 실험이란 머릿속에서 생각으로 진행하는 실험이다. 실험에 필요한 장치와 조건을 단순하게 가정한 후 이론을 바탕으로 일어날 현상을 예측한다. 실제로 만들 수 없는 장치나 조건을 가지고 실험할 수 있다. 갈릴레이는 우리가 사는 세상에서는 모든 운동이 마찰 저항을 받기 때문에 법칙이나 원리를 발견하기가 어렵다고 생각했다. 그래서 저항을 완전히 제거한 상태에서 실험한다고 가정한 후, 그 결과를 바탕으로 운동론에 모순이 없는지를 검증했다.

갈릴레이가 사고 실험을 어떻게 했는지 알아보자. 1kg의 쇳덩어리와 10kg의 쇳덩어리를 동시에 떨어뜨리면 어떤 것이 먼저 땅에 떨어질까? '10kg의 쇳덩어리가 무겁기 때문에 먼저 떨어지는 것이다'라고 결론을 내보자. 그럼 이번에는 1kg의 쇳덩어리와 10kg의 쇳덩어리를 단단히 묶은 것과 10kg의 쇳덩어리를 동시에 떨어뜨리면 어떤 것이 먼저 떨어질까?

어떤 사람이 한참 생각하더니 다음과 같은 주장을 한다. 두 개의 쇳덩어리가 묶인 채 떨어지는 경우를 생각해 보자. 1kg짜리 쇳덩어리는 가벼워서 늦게 떨어지기 때문에 이것에 묶여 있는 10kg의 쇳덩어리는 떨어지는 속도에 방해를 받을 것이다. 마치 낙하산을 펴고 낙하하는 경우 낙하산이 떨어지는 것을 방해하기 때문에 낙하산 없이 떨어지는 사람보다 천천히 떨어지는 것처럼 말이다. 따라서 가벼운 쇳덩어리와 무거운 쇳덩어리가 묶인 채 떨어질 때, 10kg의 쇳덩어리 하나가 떨어지는 것보다 늦게 떨어져야 한다.

그런데 이 이야기를 듣던 또 다른 사람이 이렇게 말한다. 무거운 것이 가벼운 것보다 먼저 떨어져야 하므로, 두 개의 쇳덩어리가 묶여 있어서 11kg이 된 물체가 10kg의 쇳덩어리보다 먼저 떨어져야 한다. 누구의 논리가 맞는 것일까? 둘 다 맞다. 그러므로 모순이다. 이 모순을 해결하기 위해서는 '무거운 것이 가벼운 것보다 먼저 떨어진다'는 생각이 틀렸음을 인정해야 한다. 이것이 갈릴레이가 사고 실험을 통해 얻은 결론이다. 그리고 갈릴레이는 무거운 것과 가벼운 것이 동시에 떨어진다는 것을 증명하기 위해 피사의 사탑에서 실험했다.

갈릴레이는 실험과 관찰을 통해 결론을 이끌어낼 때 제대로 된 원리나 법칙을 도출할 수 있다고 생각했지만, 사고 실험을 통해서도 물리학의 법칙과 이론을 정립할 수 있다고 생각했다. 뉴턴의 중력 법칙이나 아인슈타인의 상대성 이론 등도 사고 실험을 통해 얻은 결과다. 현대를 살아가는 우리도 여러 상황에서 갈릴레이가 했던 것처럼, 멋진 사고 실험을 통해 제대로 된 결론을 도출해나가는 것을 배웠으면 한다.

찾아보기

가니메데 ★ 218-220
가을철 별자리 ★ 110
갈릴레이 ★ 39, 176, 211, 216-225
개기 월식 ★ 147, 152
개기 일식 ★ 158
거리 착시 ★ 143
거문고자리 ★ 54-55, 58, 66-69, 76, 79, 83-85, 102
게자리 ★ 28, 56-57
겨울철 별자리 ★ 113
견우성 ★ 22, 54-55, 66, 76, 79, 85-86, 97, 100, 127, 129
경도 ★ 89, 129
고래자리 ★ 56
광년 ★ 36-37
구상성단 ★ 41, 44, 83
국부 은하단 ★ 44
궁수자리 ★ 56-58, 66-69
그레고리력 ★ 31-32
그물자리 ★ 68
극락조자리 ★ 68
금성 ★ 14, 39, 54, 189, 199, 201-202, 222-224
금환 일식 ★ 158
기린자리 ★ 58, 68
날치자리 ★ 68
남십자성 ★ 53
남십자자리 ★ 68
남점 ★ 119
남중 ★ 23-24, 34, 69, 96, 97, 118-119, 130, 132-133
남중고도 ★ 96-99, 116
남쪽물고기자리 ★ 69, 79, 85, 105,127
뉴턴 ★ 198
다중성 ★ 41, 44
데네볼라 ★ 82
데네브 ★ 76, 79, 85-86, 99, 119,129
독수리자리 ★ 28, 54-55, 66-69, 79, 85, 127
동지 ★ 19, 116, 129, 131, 133
라스알게티 ★ 83
레굴루스 ★ 78-79, 82, 86, 92-93, 190
리겔 ★ 36, 81, 84, 89, 124-125
마차부자리 ★ 60, 69, 71, 79, 90, 99, 103, 125
메시에 목록 ★ 41
목동자리 ★ 36, 58, 71, 76-79, 83, 92, 104
목성 ★ 14, 54, 192-194, 199, 202, 218, 220
물고기자리 ★ 28, 56-58, 71
물병자리 ★ 56-58
반사성운 ★ 42
발광성운 ★ 42

백조자리 ★ 28, 58, 66-69, 79, 85,-86, 99, 119, 129
뱀주인자리 ★ 29, 58, 66-67
베가 ★ 79, 83, 85, 93, 102
베텔게우스 ★ 35-36, 81-83, 89
변광성 ★ 40-41
보름달 ★ 34, 144-148, 152
봄철 별자리 ★ 107
북극성 ★ 53, 58, 68, 93-95, 172-174
북두칠성 ★ 74-78
북점 ★ 119
사자자리 ★ 28, 56-58, 71, 78-79, 82, 92, 190
사중성 ★ 41
산개성단 ★ 41, 44
산광성운 ★ 42
삼각시차 ★ 38
삼중성 ★ 41
삼태성 ★ 24, 74
상현달 ★ 32, 34, 145, 148, 161-162
샛별 ★ 185
샤를 메시에 ★ 41
성식 ★ 150
세페우스자리 ★ 58, 68
센타우루스자리 ★ 36, 211
수성 ★ 189, 199, 201-202
순행 ★ 183, 195, 199, 205
스피카 ★ 24, 78-79, 85, 124, 190
시각 ★ 141
시계자리 ★ 68
시리우스 ★ 22, 24, 78, 81, 89, 90-91, 104, 124
시에네 ★ 164-166
시차 ★ 37, 166-167
쌍둥이자리 ★ 29, 56, 71, 81, 89, 91, 190
아르크투루스 ★ 36, 77-79, 83, 86, 92-93, 104
아리스타르코스 ★ 150-152, 161-167, 178-179, 203
아리스토텔레스 ★ 148-150, 173-179, 184, 216
안드로메다은하 ★ 30, 36-37, 44, 214
안드로메다자리 ★ 29-30, 44, 58, 71, 105
안드로메다자리 ★ 29-30, 44, 58, 71
안타레스 ★ 24, 35, 79, 133, 124, 190
알데바란 ★ 36, 60, 81, 190
알렉산드리아 ★ 164-166
알마게스트 ★ 27, 197
알타이르 ★ 79, 85
알페라츠 ★ 105
양자리 ★ 28, 56-57, 71
에라토스테네스 ★ 150, 164-166
에우로파 ★ 218-220

에크판토스 ★ 177
여름철 별자리 ★ 109
역행 ★ 183, 195, 199, 202, 205
연주시차 ★ 39–40, 210–211
염소자리 ★ 28, 57–58, 69
오리온대성운 ★ 42
오리온자리 ★ 24, 35–36, 71, 74, 81–84, 89, 122, 125
용자리 ★ 58, 68
우리은하 ★ 44, 46
월식 ★ 15, 145–147, 150
위도 ★ 89, 97, 129
유 ★ 205
윤년 ★ 31–32
율리우스력 ★ 31
은하단 ★ 44
은하수 ★ 42, 44
이등변삼각형 ★ 37
이오 ★ 218, 220
이중성 ★ 41, 44
일식 ★ 15, 158–161
자오선 ★ 96, 119, 129
작은개자리 ★ 58, 68, 81, 85
적경 ★ 88–89, 92, 129
적위 ★ 88–89, 92, 129
전갈자리 ★ 24, 28, 35, 56–58, 66–69, 79, 133, 190
전몰성 ★ 68
조르다노 부르노 ★ 179
주극성 ★ 68
주전원 ★ 198–199, 201–202, 205, 225
지구중심설 ★ 173, 206–207, 211, 223
지동설 ★ 178–179, 183–185, 203, 206, 211, 223–225
직녀성 ★ 22, 54–55, 66, 76, 79, 83–86, 97–99, 100–
        102, 118
처녀자리 ★ 24, 29, 56–58, 71, 78–79, 85, 190
천동설 ★ 173, 183, 197, 201, 206, 210–211, 223–225
천문단위 ★ 36
천정 ★ 96
천칭자리 ★ 56–57
초승달 ★ 34, 144, 158
초신성 ★ 40, 42
추분 ★ 18, 116, 127, 129, 131, 133
춘분 ★ 18, 116, 129, 131, 133
출몰성 ★ 68
칠월 칠석 ★ 54, 76
카멜레온자리 ★ 68
카스토르 ★ 81, 89, 190
카시니 ★ 39

카시니 간극 ★ 39
카시오페이아자리 ★ 58, 68, 74, 79
카펠라 ★ 60, 79, 90, 99, 103, 125
칼리스토 ★ 218, 220
케플러 ★ 198, 206
코페르니쿠스 ★ 178, 202–203, 206–207, 223
큰개자리 ★ 35, 69, 71, 81, 89–91, 104
큰곰자리 ★ 58, 68, 74–79, 172
탈레스 ★ 164
태양력 ★ 32
태양시 ★ 116, 126, 126–127, 132
태양중심설 ★ 178–179, 203, 206–207, 210–211
토끼자리 ★ 84
토성 ★ 192, 194–195, 199, 202, 220–221
티체너 착시 ★ 143
티코 브라헤 ★ 38
팔분의자리 ★ 68
페가수스자리 ★ 29, 56, 58, 71
포말하우트 ★ 79, 85, 105, 124, 127
폴룩스 ★ 81, 190
프로키온 ★ 81, 85
프록시마 ★ 36–37, 211
프리드리히 베셀 ★ 40
프톨레마이오스 ★ 27, 197, 202
피라미드 ★ 164
피타고라스 ★ 141, 166, 177
하지 ★ 18, 116, 129, 131, 133
하현달 ★ 32, 34, 148
한스 리페르헤이 ★ 216
항성시 ★ 118–119, 127–132
항시차 계수 ★ 126, 130–133
해시계 ★ 22
행성상성운 ★ 42
햐쿠다케 혜성 ★ 16
허블 우주 망원경 ★ 37, 214, 216
헤라클레스 ★ 83
헤르쿨레스자리 ★ 29, 58, 66–69, 83
헤일밥 혜성 ★ 16
현 ★ 32
호 ★ 32
화성 ★ 39, 194, 199, 202, 221–224
황도 12궁 ★ 57, 138, 189–190
황도 ★ 56–57, 138, 189
황소자리 ★ 28, 36, 56–57, 60, 81, 190
히파르코스 ★ 91
Sidereal Clock ★ 125
Sidereal Time ★ 125